ZU DIESEM BUCH

Bevor zu Beginn unseres kalendarischen Jahrtausendwechsels die Zielobjektsuche, im Folgenden ZOS® genannt, geboren wurde, stand zunächst nur eine schlichte Idee. Das mit Abstand am besten funktionierende Sinnesorgan des Hundes, die Nase, sollte optimal für dessen alltägliche Beschäftigung und Auslastung eingesetzt werden. Gerade die vielen Familienhunde in städtischen Lebens- und Wohnbereichen können – wenn überhaupt – nur unter besonderen Schwierigkeiten vom typischen und traditionellen Nasentraining profitieren. So sind beispielsweise die Fährtenarbeit, das Mantrailing oder auch die Futterbeutelsuche tolle Beschäftigungsmöglichkeiten, allerdings im Alltag häufig nur sehr umständlich umsetzbar. Zudem sollte ein Beschäftigungsmodell entwickelt werden, das zeitlich und räumlich völlig unabhängig, ohne viel Aufwand täglich und nahezu überall angewendet werden kann. Durch unsere langjährigen Tätigkeiten im Ausbildungsbereich von Polizeidiensthunden konnten wir immer wieder beobachten, wie anstrengend, abwechslungsreich und auch enorm motivierend sich die Sucharbeit auf unsere Rauschgift-, Sprengstoff- oder Leichenspürhunde auswirken konnte.
Für die Entwicklung von ZOS® muss deshalb auch die Spürhundeausbildung von Polizeidiensthunden als ideengebend angesehen werden. Dort ist es nun mal so, dass den Vierbeinern ganz bestimmte Gerüche als einzigartiges Suchziel durch extrem motivierendes Training vermittelt werden. Haben die Hunde das Ziel erreicht und damit den zu suchenden Geruchsstoff gefunden, erfolgt die stimulierende Belohnung durch Futter oder Spielzeug. Nach dem Auffinden des Geruchsstoffes gibt es für den Hund allerdings noch eine kleine Hürde unmittelbar vor der Belohnung: Er soll sich nämlich exakt vor die Stelle legen, aus der er die Gerüche wahrnimmt, und ruhig und konzentriert bis zur Belohnung liegen bleiben.

01

02

THOMAS UND INA BAUMANN

ZOS®

— Zielobjektsuche

Praxiswissen Hund

START, SUCHE UND ANZEIGE

MIT KOSMOS MEHR ENTDECKEN
Aktuelles Experten—wissen
SEIT 1822

KOSMOS

☞ *Inhalt*

Das Ganze wird als „Anzeige" bezeichnet, da der Vierbeiner mit seinem Hinlegen dem Zweibeiner anzeigt, dass er bei seiner Suche erfolgreich war.

Wie wir später noch sehen werden, kann grundsätzlich jedem gesunden Hund in nur wenigen Trainingseinheiten ein Anzeigeverhalten und damit das Hinlegen vor der Geruchsquelle vermittelt werden.

DAS BESONDERE AN ZOS®

Das Besondere ist neben der artgerechten Auslastung Ihres Vierbeiners die Optimierung der Beziehungs- und Bindungsqualität zwischen Ihnen und Ihrem Hund. Wer von uns wünscht sich nicht eine harmonisch ausgerichtete Partnerschaft, in der das soziale Miteinander im Vordergrund steht.
Viele Hundebesitzer beschäftigen ihre Vierbeiner nach dem Motto: „Damit er was zu tun hat und ihm nicht langweilig wird." Das ist, wie man so schön sagt, zu kurz gedacht! Denn gerade in der ZOS® stehen soziale Kommunikation und Kooperation

03

04

mit im Vordergrund. Ein Hund liebt ZOS®, weil sein Mensch ZOS® liebt, und der Mensch ist motiviert, weil ZOS® seinen Hund motiviert. Der eine braucht den anderen, sonst funktioniert ZOS® nicht oder nicht gut.
Im Grunde genommen ist ZOS® ein gemeinsames „Jagd-Spiel". Die Suche nach dem Zielobjekt ist Sache des Hundes, keine Frage. Aber der Mensch assistiert bei der Suche und ist dabei für seinen Hund ein verlässlicher Partner. Die Assistenz des Menschen erfolgt aus strategischen und taktischen Gründen vor allem verbal, aber in bestimmten Situationen, wie beispielsweise bei der Anzeige, auch taktil (Streicheln, Tätscheln). Im Gehirn unserer Haus- und Familienhunde sind durch das über Jahrtausende gereifte Zusammenleben mit uns Menschen die sogenannten Spracherkennungsareale verblüffend professionell entwickelt. Das bedeutet nach bestätigenden Erkenntnissen der Forschung, dass unsere Hunde ein enorm hohes Sprachverständnis gegenüber dem Menschen aufgebaut haben. Die Lautstärke unserer menschlichen Sprache, die Frequenzeinstellung, die tonalen Gegebenheiten und auch die emotionale Stimmung, die in unserer Sprache enthalten ist, wird durch das Gehirn unserer Hunde präzise erfasst und ausgewertet.
Die Stimme des Menschen regelt die Stimmung im Hund. Daraus ergeben sich unglaublich motivierende Aspekte in der ZOS®. Unter Berücksichtigung dieser und einer Menge weiterer Gesichtspunkte, zählt ZOS® mittlerweile zu den beliebtesten Beschäftigungsmodellen.

01 Nach dem Startritual beginnt die Suche nach dem ZOS®-Gegenstand.

02 Es erfolgt das sogenannte Lokalisieren der Geruchsquelle am Fundort.

03 Nach dem erfolgreichen Lokalisieren folgt der Übergang in die Anzeige.

04 Am Ende der Übung wird der ZOS®-Gegenstand durch „Platz" angezeigt.

GELEITWORT

Die Nase des Hundes ist zweifellos als Sinnesorgan im ökologischen wie auch im sozialen Zusammenhang nahezu unvorstellbar leistungsfähig.
Hunde, und ihre wilden Verwandten, setzen ihre Riechfähigkeit sowohl zum Aufspüren und Verfolgen von Beutetieren, zum Wiederauffinden von selbst versteckten Nahrungsvorräten und auch zum Erkennen sozialer und emotionaler Zustände ihrer Sozialpartner ein. Fähigkeiten, von denen wir Menschen keine wirkliche Vorstellung haben, wie etwa die Fähigkeit zum Stereoriechen durch getrennte Verarbeitung der Information aus beiden Nasenlöchern, die damit auch verbundene Fähigkeit, Gerüche emotional unterschiedlich zu bewerten, und die wesentlich feinere Fähigkeit zur Geruchsdifferenzierung sind hier zu nennen.

FUNKTION DES RIECHSYSTEMS

Das Riechsystem funktioniert ja in vielen Fällen ähnlich dem Immunsystem. Die genetisch vorhandene Fähigkeit, eine Vielzahl von verschiedenen Gerüchen durch jeweils speziell dafür vorhandene Rezeptoren zu entdecken, wird nur dann voll entwickelt, wenn man mit den betreffenden Gerüchen auch wirklich Kontakt hatte. Andernfalls werden die Rezeptoren für die betreffende Substanz kaum ausgebildet.
Aus dieser Erkenntnis ergibt sich bereits, dass es wichtig ist, Hunde regelmäßig mit einer möglichst großen Geruchsdifferenzierung zu beschäftigen, sodass die Rezeptorentypen dann auch produziert und zur Anwendung gebracht werden.

☞ *Beschäftigungsformen, bei denen die Geruchsdifferenzierung des Hundes besonders gefordert und gefördert wird, sind daher aus neurobiologischer Sicht für die Leistungsfähigkeit der Hundenase von zentraler Bedeutung.*

VERBESSERUNG DER TEAMFÄHIGKEIT

Die von Thomas und Ina Baumann entwickelte Methode der Zielobjektsuche hat im Alltag und auch für spezielle Anwendungen des Mensch-Hund-Teams sehr viele Möglichkeiten.
Gemeinsame Aktionen des Menschen mit seinem Hund können, müssen aber nicht unbedingt zu einer Verstärkung sozialer Beziehungen führen. Im Bindungsmodell ist das stetige Pendeln zwischen den beiden wichtigen Elementen „Nähe suchen", also Kontaktaufnahme zum Sozialpartner, und dem „Sichere-Basis-Effekt", also dem ungestörten und konzentrierteren Arbeiten an schwierigen Problemen in der Anwesenheit des Bindungspartners durch dessen Rückendeckung, ein wichtiges Thema.
Gerade Beschäftigungsmöglichkeiten, bei denen einerseits die Kommunikation durch Hinweisgebung, Rückbestätigungen und andere soziale Unterstützung seitens des Menschen, andererseits aber auch die selbstständige und nach vorne orientierte Sucharbeit des Hundes gemeinsam zum Erfolg führen, dienen also in wesentlich stärkerem Maße auch der Teamfähigkeit.
Andererseits ist gerade das Erfolgserlebnis einer auf eigenen Wegen gefundenen Lösung eines schwierigen Problems neurobiologisch die erfolgreichste Form der Gedächtnisunterstützung. Wenn der Hund also eine schwierige Nasenaufgabe durch eigenes Kombinieren und durch eigenes Ausarbeiten gelöst hat, und sich dann Mensch und Hund gemeinsam über diesen Erfolg freuen, wird durch Ausschüttung einschlägig bestätigender und motivierender Botenstoffe im Gehirn diese Erfahrung sofort sehr nachhaltig und zukunftsträchtig verankert.
Neue wissenschaftliche Untersuchungen zeigen, dass auch im Bereich des Riechhirns des Hundes das als Selbstbelohnungssubstanz bezeichnete Dopamin hier zum Einsatz kommt.

BESSERE VERSTÄNDIGUNG

Jedoch ist die Nase keineswegs das einzige, im sozialen Zusammenhang besonders bedeutsame Sinnesorgan des Hundes. Die Fähigkeit, mit der Wortsprache des Menschen eindeutige Verknüpfungen herzustellen, und auch neue Begriffe zu erkennen und zuzuordnen, ist zumindest bei in normalen Familienverhältnissen aufgewachsenen Haushunden hoch entwickelt. Eine Form der Zusammenarbeit, die im Sinne einer Mehrkanalkommunikation taktile, verbale, optische und geruchliche Reizkombinationen verknüpft und durch die Integration der Informationen aus verschiedenen Sinneskanälen im Gehirn des Hundes schließlich zu einer Gesamtleistung führt, ist daher den in natürlichen Verhältnissen vorkommenden Bedingungen nicht nur am nächsten, sondern führt insgesamt auch zur Förderung der Verknüpfungsfähigkeiten.

Studien an verwilderten Haushunden haben gezeigt, dass die Nahrungsbeschaffung sich meistens nicht als Großwildjagd, sondern in einer Such- und Sammeltätigkeit kleiner, eher verstreuter Beutetiere und Nahrungsreste erstreckt.

Eine Form der Beschäftigung, die sich an dieser Such- und Findetätigkeit orientiert, ist also für den Haushund offensichtlich den natürlichen Verhältnissen zumindest naheliegender als eine symbolische Großtierjagd, wie sie von anderen Formen der Beschäftigung und Auslastung simuliert wird.

ZOS® erfordert auch im Anzeigeverhalten eine hochkonzentrierte Verfassung des Hundes (Dolly, 11 Jahre).

HYPERAKTIVE HUNDE

Von besonderer Bedeutung ist die Anwendung der Zielobjektsuche, nach unseren Erfahrungen, auch für die Behandlung spezieller Verhaltenssituationen bei bestimmten Hunden:
So ist, nicht zuletzt wegen des bereits erwähnten dopaminproduzierenden Areals auch im Riechhirn, gerade für hektische, nervöse oder zu Hyperaktivität neigende Hunde eine Form der Beschäftigung, bei der sie durch Passivanzeige zur Selbstbeherrschung und zum gezielten Wartenkönnen motiviert werden, wesentlich heilsamer als Formen der Tätigkeit, die dann zum Schluss in einem aktiven Bringen oder anderen, mit Muskeltätigkeit verknüpften Aktivitäten enden. Die Gefahr, dann in einen erneuten übertriebenen Aktivitätsschub zu verfallen, ist bei letztgenannten Tätigkeiten wesentlich höher. Gerade die Zunahme von hyperaktiven und übertrieben nervösen Hunden in unserer Gesellschaft, die nicht zuletzt durch den häufig seitens der Hundehalter verfolgten Beschäftigungswahn noch gefördert wird, schreit geradezu nach konzentrationsfördernden, ruhigen und mit Selbstbeherrschung und Selbstkontrolle verknüpften Tätigkeiten.

01 ZOS® hilft bei körperlichen Handicaps – hier ein deformiertes Hinterbein.

HUNDESENIOREN

Bei Hundesenioren, und auch unsere Hunde werden zum Glück immer älter, können die verschiedenen Formen der Zielobjektsuche ebenfalls zur Behandlung und Prävention einer ganzen Reihe von altersbedingten Zipperlein eingesetzt werden.

Einerseits ist hier zu betonen, dass die Arbeit z. B. in einem Trümmerfeld durch die ständige Beanspruchung der kleinen und kleinsten Stell- und Haltemuskeln und der mit ihnen verbundenen Sinnesorgänchen zu einer stetigen Forderung und Förderung der Körperbeherrschung führt.

02 Im Alltag nutzt der Kleine das Bein kaum …

03 … im unebenen ZOS®-Trümmerfeld schon.

Gerade die mit Balance, Körperempfinden und Gleichgewichtserhaltung betrauten Abschnitte des Gehirns wachsen offensichtlich mit ihren Aufgaben und werden auch nur durch regelmäßige Benutzung im höheren Alter noch leistungsfähig gehalten. Aber auch im Bereich der räumlichen Orientierung und der Gegenstanddifferenzierung kann die Zielobjektsuche gerade zur Prävention gegen altersbedingte Verhaltensabschwächungen eingesetzt werden. Viele Hunde entwickeln bereits im Alter von sechs bis acht Jahren erste, vom Halter zunächst unbemerkt, altersbedingte Schwächen. Die Fähigkeit, sich im Raum weiterhin zurechtzufinden und zu orientieren, und die Fähigkeit, unterschiedliche Gegenstände oder auch Gerüche auseinanderzuhalten, sind nachweislich mit unter den ersten, die bei altersbedingten Verhaltenseinschränkungen zu leiden haben. Eine regelmäßige Beschäftigung, bei der die Kombination der Orientierung im Raum und der Gegenstanddifferenzierung, also das Erkennens unterschiedlicher Formen, Farben oder Gerüche, im Zentrum steht, kann den genannten Ausfallerscheinungen gegensteuern. Der Begriff der „artgerechten" Tierhaltung wird in den letzten Jahren nahezu inflationär für alles und jedes verwendet, das auch nur den Hauch einer biologischen Begründung hat. In der Fachliteratur wird deswegen der Begriff tier- und verhaltensgerecht bevorzugt. Wenn es denn eine Form der Beschäftigung für den Haushund gibt, die dieses Prädikat der tier- und verhaltensgerechten Beschäftigung und Auslastung zweifellos verdient, dann gehört die Zielobjektsuche sicherlich zu den erfolgversprechendsten Anwärtern auf diesen Titel. In diesem Sinne bleibt nur zu wünschen, dass möglichst viele Mensch-Hund-Teams von dieser Anleitung profitieren und die Menschen hinterher die Nase und die Leistungsfähigkeit ihres Hundes mit anderen Augen sehen.

PD Dr. Udo Gansloßer

ZIELOBJEKTSUCHE
— *Grundlagen*

ABLAUF EINER ZOS®

In der ZOS® wird für den Hund ein zuvor konditionierter, kleiner Suchgegenstand, genannt ZOS®-Gegenstand versteckt, entweder vom Hundeführer selbst oder von einer fremden Person.

Versteckt wird der ZOS®-Gegenstand so, dass der Hund seinen zu suchenden Gegenstand nicht mehr sehen, ihn aber noch mit seiner Nase erschnüffeln kann.
Das Auffinden des ZOS®-Gegenstandes durch den Vierbeiner wird dem Hundeführer angezeigt, indem sich der Hund vor der Geruchsquelle ablegt und so seinem Zweibeiner signalisiert, dass er den zu suchenden Gegenstand gefunden hat.
Abschließend begibt sich der Hundeführer zu seinem in der Platz-Position befindlichen Hund, lobt ihn und bestätigt ihn mit Futter beziehungsweise Leckerli.

ZOS® IM ÜBERBLICK

Startritual Der Zweibeiner signalisiert dem Vierbeiner durch eine bestimmte Handlung (Beispiel: Anlegen eines Halstuches oder auf den Boden legen einer ZOS®-Startdecke) den Beginn der nachfolgenden Suche nach dem ZOS®-Gegenstand. Der Hund befindet sich in der Sitz-Position.

Vorbereiten Der Zweibeiner steht nun unmittelbar vor seinem Hund. Mit einer Kombination aus spannungsgeladenem Hör- und Sichtzeichen wird die Erwartungshaltung des

Harmonische Mensch-Hund-Beziehung in der ZOS®-Anzeige.

01 Startritual mit Sichtzeichen.

02 Antäuschen im ZOS®-Trümmerfeld.

03 Unmittelbar vor dem Start.

04 Die Suche nach dem ZOS®-Gegenstand beginnt.

Hundes erhöht und gleichzeitig der zu suchende ZOS®-Gegenstand exakt benannt. Beispiel: Für die Suche nach einer Wäscheklammer (ZOS®-Gegenstand) wird mehrmals das Wort „Klammer" verwendet und zeitgleich werden mehrfach spreizende Bewegungen zwischen Daumen und Zeigefinger vorgenommen. Jetzt weiß der Hund genau, welchen ZOS®-Gegenstand er suchen soll.

Verstecken Während der Hund erwartungsvoll in der Sitz-Position bleibt, bewegt sich der Zweibeiner mit spannungsgeladener Körpersprache langsam in den Suchbereich. Dabei wird er von seinem Hund in der Regel genau beobachtet. Unmittelbar vor und nach dem Verstecken tut der Hundeführer nun so, als kämen für die Suche mehrere Verstecke in Frage. Er bückt sich häufiger und verharrt einige Sekunden, was für den Hund den Anschein erweckt, dass es verschiedene Versteckmöglichkeiten geben könnte. Das nennt man in der ZOS® ganz einfach „Antäuschen". Verzichtet der Zweibeiner auf ein „Antäuschen", wäre es für den Hund viel zu einfach. Er würde dann nämlich genau wissen, in welchem Bereich sich das Versteck seines ZOS®-Gegenstandes befindet. Zudem wird durch das „Antäuschen" der Suchbereich für den Hund eingegrenzt.
Bei der Wahl des Versteckes achtet der Zweibeiner darauf, dass sein Vierbeiner den ZOS®-Gegenstand während seiner Suche nicht mit den Augen sehen kann. Das wäre nämlich auf

05 *Gefunden! Der Hund zeigt an.*

06 *Verbales Lob durch den Zweibeiner.*

07 *Die Belohnung folgt sofort.*

Dauer viel zu einfach und würde damit auch eine unzureichende Auslastung und Beschäftigung nach sich ziehen.

Rückkehr Mit erneut spannungsgeladener körpersprachlicher Gestik kehrt der Hundeführer nach dem „Antäuschen“ zu seinem Vierbeiner zurück. Dann positioniert er sich neben dem Hund und wartet auf dessen Blickkontakt. Jetzt wird mit dem aus der Vorbereitung bekannten Hör- und Sichtzeichen („Klammer“) die unmittelbar bevorstehende Suche nach dem ZOS®-Gegenstand eingeleitet. Für den Start zur Suche muss der Hund jetzt nur noch „freigegeben“ werden. Dazu wird in ZOS®-Kreisen bevorzugt das Signalwort „ZOS®“ verwendet.

Suche Mit dem Signal zur Freigabe des Hundes beginnt nun die Suche nach dem ZOS®-Gegenstand. Jetzt ist der Vierbeiner der Hauptakteur und sein Zweibeiner begleitet die Suche beobachtend und mit gebührendem Abstand. Das erwünschte Suchverhalten des Hundes (ruhiges und dennoch intensives und konzentriertes Suchen) wird zeitweilig durch verbales Lob unterstützt. Dieses sollte den Namen des Suchgegenstandes (hier: „Klammer“) beinhalten. Dadurch bleibt die Motivation des Hundes auf einem hohen Niveau.

Anzeige Kommt der Vierbeiner während der Suche in die unmittelbare Nähe seines ZOS®-Gegenstandes, nimmt er die entsprechenden Geruchsmoleküle des Suchgegenstandes auf.

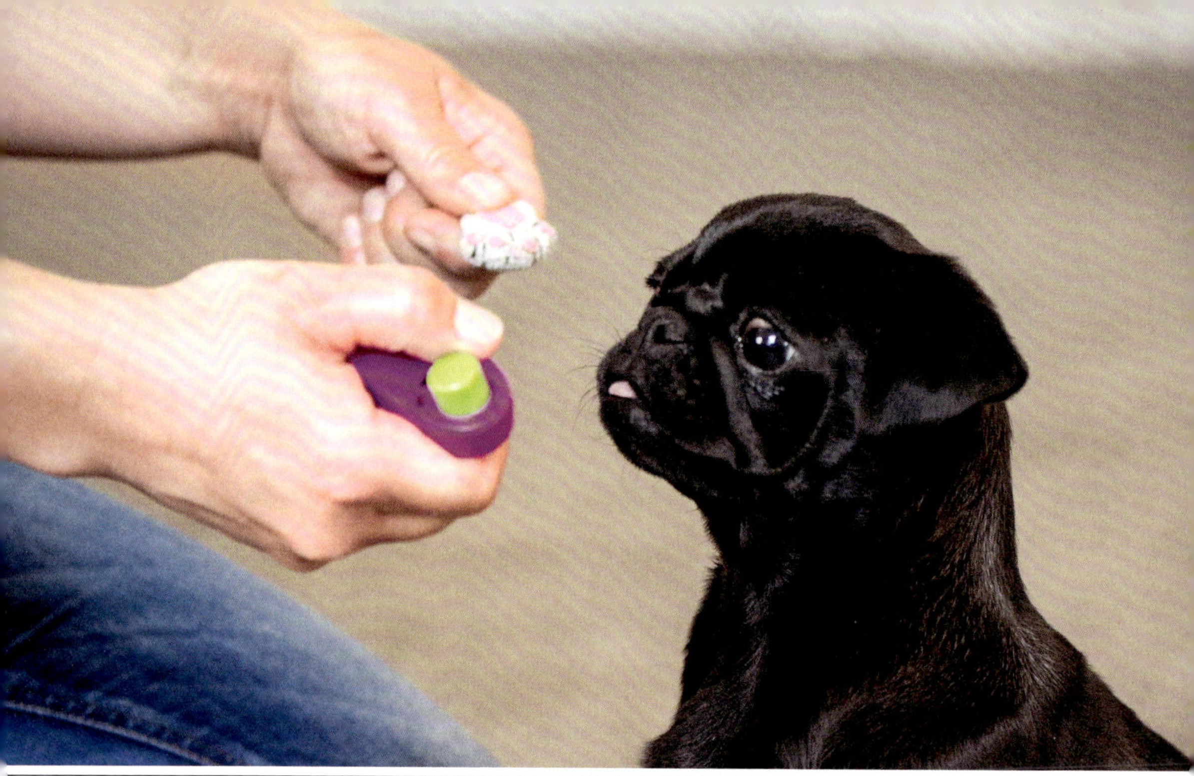

Keine Sorge! ZOS® kann bereits im frühen Welpenalter trainiert werden.

Daraufhin beginnt das sogenannte Lokalisieren. Das bedeutet, der Hund versucht nun, genau die Stelle zu finden, an der die Geruchsmoleküle gebündelt austreten.
Hat er diese Stelle gefunden, legt er sich genau dort in die Platz-Position und bleibt erwartungsvoll möglichst ruhig liegen. Damit kommt es zu der sogenannten Anzeige.

Belohnung Der Zweibeiner geht nun ruhig zu seinem Hund und stellt sich neben ihn. Jetzt erfolgt das für den Vierbeiner bekannte und von ihm erwartete Ritual der Belohnung. Die Belohnung erfolgt bei fast allen Hunden zweiteilig.
Zunächst hat die soziale Belohnung Vorrang. Der Vierbeiner wird sowohl verbal als auch taktil (Streicheln, Tätscheln) gelobt, wobei sich die Intensität der sozialen Belohnung an der Individualität der Anzeige orientiert. Sehr aktive oder gar unruhige Hunde werden verbal leise und ruhig gelobt (Vokale werden langgezogen; Beispiel: „Guuuut Klammer") und langsam gestreichelt. Eher passive und sehr ruhige Hunde werden verbal intensiver gelobt (Konsonanten werden betont; Beispiel: „Klasssse Klammer") und motivierend getätschelt. Abschließend erfolgt meist noch eine Futterbelohnung, um vor allem die Motivation für weitere ZOS®-Suchlagen möglichst hoch zu halten.

FÜR WEN IST ZOS® GEEIGNET?

Erfahrungsgemäß stellt, wenn das Training gut gemacht wird, diese Art der Beschäftigung für unsere Familienhunde eine enorme Bereicherung der Lebensqualität dar. Dabei spielt das Alter des Hundes eine eher nebensächliche Rolle. ZOS® kann vom Welpen- bis ins hohe Seniorenalter erlernt werden. Dabei muss allerdings beachtet werden, dass Welpen sehr behutsam und in kurzen Trainingsabschnitten an ZOS® herangeführt werden sollten.
Und bei Senioren dauert das Lernen – ähnlich wie bei uns Menschen – eben etwas länger.
Widmen wir uns nun der aus drei Teilen bestehenden Grundausstattung für ZOS®.

GRUNDAUSSTATTUNG

Jeder interessierte Hundebesitzer, der mit ZOS® beginnt, benötigt im Vergleich zu anderen Beschäftigungsvarianten eine Grundausstattung, wie sie spartanischer kaum sein kann.

Ein geeigneter Suchgegenstand, ein handelsüblicher Klicker und für die Belohnung das richtige Futter beziehungsweise Leckerli. Was aber ist ein geeigneter Gegenstand? Mit dieser Frage treten immer wieder ZOS®-Anfänger an uns heran. Die Beantwortung ist davon abhängig, mit welcher Zielstellung jemand seinem Vierbeiner ZOS® beibringen will.

WAHL DES SUCHGEGENSTANDES

Soll ZOS® ausschließlich zur Auslastung oder Beschäftigung des Hundes dienen oder steht der sportliche Gedanke im Vordergrund? Wer sportlich ambitioniert sein sollte, muss wissen, dass es sogar eine jährlich stattfindende internationale ZOS®-Meisterschaft gibt. Und an dieser immer im September stattfindenden Meisterschaft kann nur teilnehmen, wer sich zuvor erfolgreich über einen Qualifizierungs-Wettkampf einen Teilnahmeplatz sichern konnte.

ZOS® ZUR AUSLASTUNG

Soll ZOS® ausschließlich zur Auslastung und zur Beschäftigung dienen, nimmt man am besten Gegenstände, die der Vierbeiner aufgrund der Größe und Beschaffenheit nur schwer finden kann.
Wird nämlich ein einfach zu findender Gegenstand verwendet, z. B. ein stark riechendes Schlüsselmäppchen, das zusätzlich noch auf der innenliegenden Seite mit Duftöl bestrichen wird, stellt das keinen Hund vor große Herausforderungen. Und wenn die Anforderungen zu einfach sind, kehrt bei den meisten Hunden sehr schnell Langeweile ein. Erfolg ist für Hunde – wie für uns Menschen auch – nur dann von besonderer Wertigkeit, wenn er über ein gewisses Maß an Anstrengungen erreicht wurde.
Auf der anderen Seite zählt z. B. eine Büroklammer aus Metall zu den ganz schwierigen Aufgaben, die aber von fortgeschrittenen ZOS®-Hunde gelöst werden kann. Sind die Ansprüche dermaßen hoch und ist das dazugehörige Training professionell genug, dann können Hundebesitzer mit Recht behaupten, dass sie ihrem Vierbeiner eines der effektivsten und attraktivsten Beschäftigungsmodelle überhaupt vermittelt haben.

Eine Münze als ZOS®-Gegenstand ist sehr anspruchsvoll und nicht für Anfänger geeignet.

Anfänger können mit einer Wäscheklammer beginnen, die in der Suche auch kleiner ausfallen kann.

Und nun noch ein wichtiger Aspekt bei der Wahl des „besten“ Suchgegenstandes. Jeder Gegenstand, der künftig und regelmäßig als Suchobjekt Verwendung finden soll, erfüllt nur einen Zweck: Er transportiert verschiedene Geruchsmoleküle (einfach ausgedrückt: Geruchspartikel), die überwiegend an seiner Oberfläche anhaften.
Da es sich bei diesen Geruchspartikeln um sehr unterschiedlich riechende Geruchsgruppen handelt, sprechen wir bei jedem ZOS®-Gegenstand von einer dazugehörigen Geruchskomposition.

GERUCHSKOMPOSITION

Als Komposition wird allgemein unter anderem die Anordnung verschiedener(!) Elemente auf einer Fläche bezeichnet.
Genauso verhält es sich mit den Gerüchen auf einem ZOS®-Gegenstand. Der Gegenstand selbst hat einen sogenannten Eigengeruch. Dabei handelt es sich um den produktions- und materialbedingten Geruch (Beispiel: Holzgeruch bei einer Holzwäscheklammer). Doch bereits nach einigen wenigen ZOS®-Übungseinheiten mit einer neuen Holzwäscheklammer ergibt sich eine völlig andersartige Geruchskomposition. Es befinden sich dann nämlich eine ganze Menge neuer beziehungsweise unterschiedliche Partikelgruppen auf der Oberfläche der Holzwäscheklammer. Fingerabdruckgleich und damit einzigartig hat innerhalb kurzer Zeit jeder ZOS®-Gegenstand quasi seine eigene „ZOS®-DNA“.
Fassen wir in diesem Zusammenhang einmal die mögliche Geruchskomposition eines ZOS®-Gegenstandes zusammen:

- Eigengeruch des ZOS®-Gegenstandes und damit produktions- und materialbedingter Geruch.
- Unverwechselbarer Geruch des Menschen, der mit dem Hund übt. Dieser fasst ja den ZOS®-Gegenstand beim Üben ständig an.
- Umgebungsgerüche der „Lagerstätte“ des ZOS®-Gegenstandes. Der Raum, die Tasche, das Behältnis, worin der ZOS®-Gegenstand aufbewahrt wird, übertragen die jeweiligen Gerüche ebenfalls auf die Oberfläche des ZOS®-Gegenstandes.
- Sekretgeruch des Hundes, der den ZOS®-Gegenstand – vor allem beim Erlernen des Trainings – immer wieder mit der Nase beziehungsweise mit dem Fang berührt und diesen auch durchaus mal mit der Zunge beleckt.
- Futtergeruch, ausgehend vom Belohnungsleckerli, das ja vor allem über die Hand des Menschen auf den Gegenstand übertragen wird. Futtergerüche haben dabei einen enormen Einfluss.

— Versteckgerüche sind ebenfalls Teile der Geruchskomposition. Wird der ZOS®-Gegenstand beispielsweise unter einem Stein im Garten versteckt, werden dabei immer Mikroorganismen zerstört und deren Zersetzungsgeruch bleibt ebenfalls auf dem ZOS®-Gegenstand haften.
— Weitere spezifische Gerüche, die unter anderem durch Materialverschleiß, Materialermüdung und witterungsbedingte Einflüsse entstehen können.

Die Geruchskomposition eines ZOS®-Gegenstandes besteht somit innerhalb kürzester Trainingszeit aus mindestens(!) sieben verschiedenen Komponenten oder auch Geruchsgruppen. Daraus ergibt sich für den suchenden ZOS®-Hund ein sogenanntes Suchbild.
Und dieses Suchbild können wir auch tatsächlich stark vereinfacht in ein für uns Menschen visuell wahrnehmbares Bild fassen. Das erleichtert uns das Verständnis zur Geruchskomposition.
Wenn wir uns diese einfache Bilddarstellung immer und immer wieder anschauen, prägen wir uns die Inhalte nach einer entsprechenden Anzahl von Wiederholungen fest ein. Die Symbolkombination (bestehend aus sieben Teilen) wird von uns zweifelsfrei wiedererkannt, auch wenn wir sie über einen bestimmten Zeitraum nicht mehr sehen. Doch was passiert, wenn unsere Bilddarstellung inhaltlich und vor allem plötzlich verändert wird.

Eine aus sieben Teilen bestehende Kombination.

Auch dazu zwei Beispiele:
Sehr schnell erkennen wir, dass auf Bild 1 ein Symbol nicht mehr enthalten ist. Und auf Bild 2 fehlt nicht nur ein Symbol, es ist auch ein weiteres, „unbekanntes“ Symbol hinzugekommen, welches das Bild inhaltlich verändert hat.
Wie wir mit dem bloßen Auge sehr gut erkennen können, sind weder Bild 1 noch Bild 2 mit unserem Originalbild deckungsgleich.

01 *Auf diesem Bild fehlt ein Symbol.*

02 *Hier ist ein neues Symbol hinzugekommen.*

01 Viele offene und versteckte Lederstücke, doch nur eins ist seins.

KLAMMER IST NICHT GLEICH KLAMMER

Und nun vergleichen wir dieses einfache Beispiel mit unseren ZOS®-Gegenstand. Nehmen wir hierzu wieder unsere Holzwäscheklammer und übertragen sie auf ein Praxisbeispiel: Ein Hund hat über einen Zeitraum von einigen Wochen seinen „persönlichen“ ZOS®-Gegenstand, mit dem auch regelmäßig ZOS® trainiert wird. Eines Tages geht die Holzwäscheklammer verloren und der Zweibeiner beschafft sich daraufhin eine neue Holzwäscheklammer.
Zu seinem Erstaunen findet sein Vierbeiner den neuen ZOS®-Gegenstand nicht und kommt deshalb nicht mehr in ein Anzeigeverhalten. Verwundert fragt sich der Hundebesitzer, wie das denn sein könne, denn schließlich sei es ja eine identische Holzwäscheklammer. Und angefasst habe er sie ja schließlich auch. Dabei wird schnell nachvollziehbar, dass ein gut ausgebildeter

Hier wieder die 7-teilige Ausgangsposition.

Auf diesem Bild fehlen nun vier Symbole.

02 Die Lederstücke werden gründlich geprüft …

03 … und treffsicher zeigt er nur „sein" Leder an.

ZOS®-Hund die neue Wäscheklammer gar nicht anzeigen kann, denn die Geruchskomposition ist doch nun eine völlig andere. Gerade bei den ersten ZOS®-Versuchen mit der neuen Holzwäscheklammer weicht das Geruchsbild ganz erheblich vom Geruchsbild der „alten" Klammer ab:
Das „Bild" der neuen Holzwäscheklammer ist unvollständig beziehungsweise lückenhaft und so wird der im ZOS®-Training gewissenhaft suchende Hund die Anzeige dieses Gegenstandes ablehnen. Allein die Tatsache, dass der Individualgeruch des Zweibeiners auf dem neuen, materialgleichen Gegenstand haftet, wird einen gut trainierten Hund nicht verleiten, den Gegenstand anzuzeigen. Es fehlen ganz einfach zu viele Elemente innerhalb der ihm mittlerweile gelehrten Geruchskomposition.
Letztlich wird genau aus diesem Grund, bei dem Verlust eines bereits längere Zeit verwendeten ZOS®-Gegenstandes, bei einem neuen, materialgleichen Gegenstand ein Neustart erforderlich.
Oder es wird ein sogenannter Ersatz-Gegenstand verwendet, der bereits ein identisches Geruchsbild vorweist. Dazu muss allerdings dieser Ersatz-Gegenstand ständig bei dem Original-Gegenstand „wohnen". Das heißt, er befindet sich ständig – wie auch die kleineren Gegenstände – in demselben Behältnis zusammen mit dem Original-Gegenstand. Zwischendurch kann dieser Ersatz-Gegenstand auch mal als Original-Gegenstand im Training zum Einsatz kommen.
Damit dürfte im Übrigen auch klar werden, dass ein gut trainierter ZOS®-Hund keinesfalls alle Gegenstände sucht und anzeigt, die den Geruch seines Besitzers tragen. Denn der Individualgeruch des Zweibeiners ist ja schließlich nur eines von sieben zusammenhängenden Geruchselementen.
Gut vergleichbar ist die Geruchskomposition übrigens auch mit einer Telefonnummer, die wir in unserem Gedächtnis abgespeichert haben. Würden wir diese Telefonnummer auf einem Blatt Papier lesen, würde uns sofort auffallen, wenn eine einzelne Zahl falsch, eine zu viel oder eine zu wenig wäre.
So ähnlich geht es vermutlich einem Hund im ZOS®-Training, wenn er den ihm vermeintlich bekannten ZOS®-Gegenstand gefunden hat und dann aber feststellen sollte: „Irgendwas stimmt da nicht."

Geruchliche Vermischung der Materialien bitte vermeiden. Das Material der Aufbewahrungsbehältnisse darf nicht mit anderen Suchgegenständen identisch sein.

MATERIALBESCHAFFENHEIT

Die letzte spannende Frage bei der Auswahl des ZOS®-Gegenstandes betrifft dessen Materialbeschaffenheit. Soll es Metall sein, Glas oder Plastik? Oder doch besser Holz, Leder oder Synthetik? Fest steht in jedem Fall, dass an sehr festen beziehungsweise harten Materialoberflächen Geruchsmoleküle weniger gut anhaften als an vergleichsweise weichen Materialoberflächen. Dasselbe gilt übrigens auch für die Freigabe von Geruchsmolekülen des ZOS®-Gegenstandes im Versteck.

So ist es für einen suchenden Hund wesentlich einfacher, ein kleines Lederstück zu finden als eine in etwa gleich große Geldmünze. Das Spannende daran ist, dass eine Geldmünze als ZOS®-Gegenstand wesentlich „geruchstreuer" ist als ein Lederstück.

Das Lederstück verändert seine Geruchskomposition in einem Beispielzeitraum von sechs Monaten wesentlich intensiver als die Geldmünze. Diese lässt Geruchsmoleküle bei Weitem nicht so tief in das Metall eindringen wie das Lederstück. Bei einem Lederstück durchdringen die Geruchsmoleküle das Material im Lauf der Zeit vollständig. Bei Metall haben entsprechende Versuche ergeben, dass auch hier Geruchsmoleküle in das Material eindringen, allerdings nur ein bis zwei Millimeter tief. Damit steht auch fest, dass eine Geldmünze alle denkbaren Reinigungsprozeduren so übersteht, dass ein Hund sie dennoch als seinen ZOS®-Gegenstand erkennen kann.

Würde man ein Lederstück ähnlichen Reinigungsvorgängen unterziehen, müsste man davon ausgehen, dass die Geruchskomposition im Leder derart verändert wird, dass sie von einem Hund tatsächlich nicht mehr erkannt wird.

FAZIT: ZWEI EMPFEHLUNGEN ZUR GEGENSTANDSWAHL

Empfehlung 1 Wer davon ausgehen sollte, dass er ZOS® ausschließlich als anspruchsvolle Beschäftigungsvariante für zu Hause und unterwegs verwenden wird, dem sei die „harte" Variante (Geldmünze/Büroklammer/Metallclip oder Ähnliches) empfohlen. Sie stellt an einen Hund hohe Anforderungen, reduziert aber auch den „Langeweile-Faktor".

Empfehlung 2 Wer ZOS®-Sport nicht ausschließen möchte oder sich sogar gezielt mit dem Gedanken beschäftigen sollte, mit seinem Vierbeiner an ZOS®-Wettkämpfen teilzunehmen, sollte hingegen die etwas „weichere" Variante wählen. Denn im sportlichen Wettkampf wird es der metallsuchende Vierbeiner immer etwas schwerer haben, zum Erfolg zu kommen, als sein leder- oder holzsuchender Konkurrent.

☞ *Vorsicht: Extrem weiche Materialoberflächen, wie beispielsweise ein kleiner Baumwollfetzen, können sich durch witterungsbedingte Einflüsse (Wärme, Kälte, Nässe) geruchlich sehr schnell derart verändern, dass das anfangs klare Geruchsbild für den Hund auch sehr schnell verschwimmen kann (im wahrsten Sinne des Wortes).*

LAGERUNG DER GEGENSTÄNDE

Jeder Zweibeiner, der mit seinem Hund ZOS® trainiert und dabei zwei oder drei im Material verschiedene Suchgegenstände verwendet, sollte es tunlichst vermeiden, die verwendeten ZOS®-Gegenstände zusammen zu lagern. Denn dann ergeben sich sehr schnell sogenannte Geruchsüberlagerungen. Der Metallgegenstand nimmt Gerüche des Holzgegenstandes auf und umgekehrt. Gewissenhafte ZOS®-Zweibeiner verhindern diese ungewollten Geruchsüberlagerungen, indem sie jeden einzelnen ZOS®-Gegenstand in ein kleines Behältnis geben. Idealerweise den Holzgegenstand in eine Holzschatulle, den Metallgegenstand in eine Metallschatulle und so weiter.
Jedes ZOS®-Team, das Pläne ich Richtung ZOS®-Sport hegt, kommt ohnehin nicht daran vorbei, insgesamt drei im Material unterschiedliche ZOS®-Gegenstände zu verwenden. Das sieht die Prüfungsordnung in den höheren Leistungsstufen so vor.

LERNEN MIT KLICKER

Kaum ein Hilfsmittel in der Hundeerziehung beziehungsweise im Hundetraining polarisiert so stark wie der Klicker.
Fast alle Hundebesitzer und sicher alle Hundetrainer kennen das kleine Instrument mit dem markant knackenden Geräusch. Viele Hundetrainer nutzen den Klicker permanent und in nahezu allen denkbaren Konditionierungsbereichen. Viele andere Hundetrainer aber lehnen dieses Hilfsmittel kategorisch ab und bezeichnen den Klicker schlicht als überflüssig und „unsozial".
Sachlich und damit auch fachlich betrachtet, liegt bei einer Nutzenanalyse des Klickers die Wahrheit wie so oft zwischen diesen beiden Extremhaltungen.
Wer nämlich im Alltag alle denkbaren Lernbeziehungsweise Konditionierungsschritte überwiegend oder gar ausschließlich mit dem Klicker durchführt, muss sich den Vorwurf gefallen lassen, reduzierte soziale Fähigkeiten im Umgang mit dem Hund zu haben. Ein Hund ist schließlich weitaus mehr als eine Konditionierungsmaschine.
Bei einer kategorischen Ablehnung hingegen kann der Vorwurf reduzierter Kompetenzen in einigen Lernbereichen ergehen.

Bei ZOS® handelt es sich zu Beginn des Trainings um die präzise Vermittlung einer ganz bestimmten Handlungsweise im Umgang mit einem für den Hund zunächst bedeutungslosen kleinen Gegenstand. Diese Vermittlung funktioniert grundsätzlich auch ohne Klicker, jedoch wird der Trainingserfolg – zeitlich gesehen – mit dem Klicker wesentlich schneller erreicht. Wie wir im nachfolgenden Kapitel noch sehen werden, gibt das Klickgeräusch dem Vierbeiner sehr schnell eine Planungssicherheit in seinem von uns erwünschten Handeln. Im Gegensatz zur menschlichen Stimme bleibt das Klickgeräusch – als Ankündigung einer Belohnung – völlig unverändert und damit unverfälscht. Unterscheiden müssen wir dabei zwei Formen der Anwendung eines Klickers, den Auflöse-Klick und den Verstärker-Klick; doch dazu mehr im nachfolgenden Kapitel (siehe S. 28 ff.).

FUTTERBELOHNUNG

Da wir uns schon ausführlicher mit der Wahl des „richtigen" Suchgegenstandes befasst haben, bleibt jetzt noch die Frage nach der „richtigen" Futterbelohnung.
Hier darf es keine pauschale, sondern ausschließlich eine individuell ausgerichtete Empfehlung geben. Wir alle wissen, dass unsere Hunde ein sehr unterschiedliches Bedürfnis bezüglich der Nahrungsaufnahme haben. Dieses ist sogar rassespezifisch ausgerichtet. Während beispielsweise Labrador oder Beagle als eher „fressgierig" bezeichnet werden, gelten insbesondere die nordischen Hunderassen als eher zurückhaltend und damit in Sachen Belohnung auch anspruchsvoller. Als Formel kann grundsätzlich gelten:

Gefräßiger Hund = reduzierte Attraktivität der Futterbelohnung

Enthaltsamer Hund = erhöhte Attraktivität der Futterbelohnung

Halten Sie diese grundlegende Empfehlung nicht ein, kann es mit ZOS® auch ganz schnell wieder vorbei sein, weil es dem Hund und damit auch Ihnen keine echte Freude bereitet. Dazu zwei Negativbeispiele zum besseren Verständnis:

Gefräßiger Hund + hohe Attraktivität der Futterbelohnung

Würde jemand – abweichend von der empfohlenen Formel – seinen gefräßigen Labrador beispielsweise mit Hähnchenleber (hohe Attraktivität) füttern, könnte sich dieses Vorgehen schnell als lernhemmend erweisen. Denn eine extrem hohe Erwartungshaltung auf die Futterbelohnung ist immer mit innerer Erregung verbunden, die Lernprozesse nicht beschleunigt, sondern reduziert! Nicht umsonst hören wir im Hundewesen immer

Ist die Erwartungshaltung zu hoch, kann dies zu „Übergriffen" auf das Versteck führen.

wieder den Spruch: „Trieb macht dumm und hektisch." Wobei der Begriff Trieb heutzutage für Motivation steht. ZOS® erfordert eine enorme Konzentrationsfähigkeit und hohe Suchintensität. Dazu ist ein gesundes Maß an Erwartungshaltung und innere Ruhe unabdingbar.
Kommen wir nun zum zweiten Negativbeispiel:

Enthaltsamer Hund + geringe Attraktivität der Futterbelohnung

Hier sind das Ergebnis und damit auch die Argumentation einfacher strukturiert. Ist die Belohnung aus Sicht des Vierbeiners unrentabel, kehren schnell Langeweile und Unlust ein. ZOS® bringt nicht die erwartete Entlohnung, und damit ist die Freude an diesem Training eher reduziert.

BELOHNEN MIT SPIELZEUG?

Vereinzelt treffen wir in diesem Zusammenhang noch immer auf Hunde, denen ZOS® mithilfe einer Spielzeugbelohnung beigebracht wurde. Beispiel: Auf die Anzeige des ZOS®-Gegenstandes folgt das Werfen eines Balls. Die fachlich wenig zutreffende Argumentation lautet dabei, dass ein ohnehin „spielgeiler" Hund durch diese Form der Belohnung viel mehr Lust auf ZOS® habe. Das ist nicht richtig, denn die enorme Lust auf den Ball lässt ZOS® sehr schnell nebensächlich und dadurch oberflächlich werden. Derart konditionierte Hunde werden insbesondere dann sehr hektisch in der Suche, wenn diese etwas schwieriger wird und dadurch zeitlich länger andauert. Es geht diesen Hunden ganz einfach nicht schnell genug. Die Spielzeugbelohnung hat allerdings noch weitere Nachteile, die sich vor allem durch

01 Jetzt sind unterschiedliche Belohnungssysteme wichtig.

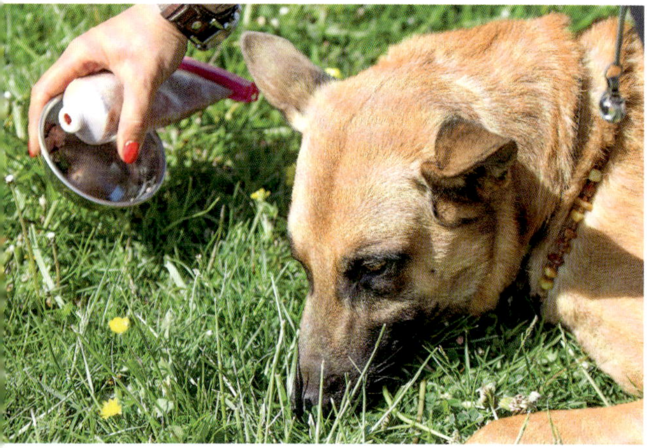

02 Bei der Futtertube darf nicht gekleckert werden.

03 Deshalb wird eine kleine Schüssel daruntergehalten.

eine meist unruhige Anzeige am ZOS®-Gegenstand auswirken. Ähnliches geschieht auch, wenn die Erwartungshaltung auf die Futterbelohnung außergewöhnlich hoch ist. Zu schnelle, hektische und häufig unkonzentrierte Suchleistungen werden mit einem unruhigen oder auch nervösem Anzeigeverhalten verbunden.

FREUDE AN DER ARBEIT

Die Belohnungserwartung eines Hundes darf somit weder zu hoch noch zu niedrig sein. Nur so kann sich das wichtige Motto „Der Weg ist das Ziel" bewahrheiten. Ein Vierbeiner soll letztlich nicht nur auf seine Bestätigung Lust haben, sondern auch auf die Suche und auf die Anzeige seines Suchgegenstandes. Haben Sie einen Beruf, der Ihnen Freude bereitet und Sie dafür auch noch eine Entlohnung erhalten, können Sie sich glücklich und zufrieden schätzen.
Sollten Sie hingegen Ihren Beruf nicht mögen und ihn nur der Entlohnung wegen mehr schlecht als recht ausüben, fehlt Ihnen ein erheblicher Teil an Lebensqualität.
Also, ZOS® soll Ihren Hund mit Freude erfüllen, weil ihm ZOS® gefällt und die Belohnung ist letztlich das vielgerühmte Sahnehäubchen im Erfolgsfall.

KONSISTENZ DES FUTTERS

Ein weiterer Tipp zur Futterbelohnung beinhaltet die Konsistenz des Futters. Verzichten Sie zu Beginn des Trainings weitgehend auf Trockenfutter, denn Trockenfutter bröselt beim Zerkauen. Dadurch liegen an der Anzeigestelle des Hundes immer wieder Futterkrümel, die den Vierbeiner permanent vom erwünschten Anzeigeverhalten (ruhig und konzentriert) abhalten. Verwenden Sie deshalb weiche Leckerli wie kleine Fleisch-, Wurst- oder Käsestückchen für den weniger gefräßigen Hund. Diese Art der Futterbelohnung hat eine vergleichsweise hohe Attraktivität. Für den gefräßigen Hund können Sie im Fachhandel portioniertes Weichfutter erhalten. Dieses Futter ist vergleichbar mit typischem Trockenfutter, hat allerdings eine weichere Konsistenz und bröselt daher nicht. Bei dem weichen Belohnungsfutter aus dem Fachhandel gibt es unterschiedliche Marken, die von sehr hoher bis geringer Attraktivität reichen. Hier findet sich somit etwas für beide Hundetypen.

FUTTERTUBEN

Alternativ zur traditionellen Leckerli-Belohnung gibt es mittlerweile auch die Tubenvariante. Die Futtertube ist – in der Form vergleichbar mit einer Zahnpastatube – mit einem weichen Hundefutter (z. B. Hundeleberwurst) ausgestattet. Durch dosiertes Drücken auf die Tube kann eine beliebige Menge (wenig oder auch viel) an Futter zur Belohnung dem Vierbeiner direkt in den Fang gegeben werden. Einige ZOS®-Teams bevorzugen die Belohnung durch die Futtertube und haben dabei auch sehr gute Erfahrungen gemacht. Bereits seit längerer Zeit gibt es auch befüllbare Futtertuben, die der Zweibeiner mit beliebiger Futterbelohnung ausstatten kann. Aber Vorsicht! Futtertuben haben den Nachteil, dass sie während dem Belohnungsritual kleckern können, insbesondere bei Hunden, die vermehrt einspeicheln. Dadurch werden im Einzelfall auch die Verstecke „verschmutzt" und für weitere Suchlagen quasi unbrauchbar. Abhilfe kann dabei allerdings eine kleine Unterlegschale schaffen, die für den Zeitraum der Bestätigung herabfallende Futterreste abfängt.

Liegt die wichtige Grundausstattung, also
- der „richtige" Gegenstand,
- ein funktionsfähiger Klicker und
- die „richtige" Futterbelohnung

vor, kann es endlich mit dem ersten Training losgehen.

04 Nur so kann verhindert werden, dass bei weiteren Anzeigen Futterreste herumliegen.

ERFOLGREICHES ZOS®-TRAINING

— *Voraussetzungen*

FREUDE AN ZOS®

Die Grundausstattung ist vorhanden, doch eine Ausstattung kann noch so professionell ausgelegt sein, erst ihr richtiger Nutzen verspricht letztlich den erhofften Erfolg.

Bei ZOS® ist deshalb ein Trainingserfolg ganz erheblich von zwei grundlegenden Faktoren abhängig: Zum einen müssen die zu erlernenden Trainingsschritte möglichst genau umgesetzt werden, und zum anderen sollten sowohl Zwei- als auch Vierbeiner über eine ausreichende Motivationsfähigkeit verfügen. Die sprichwörtliche Lust auf ZOS® sollte von Beginn an ein zuverlässiger Begleiter für Mensch und Hund werden.

DIE RICHTIGE MOTIVATION

In Sachen Motivation ist im ZOS®-Training der Hundebesitzer der Taktangeber. Insbesondere zu Trainingsbeginn wird sich der Vierbeiner sehr schnell vom neuen Beschäftigungsmodell faszinieren lassen, wenn der Einstieg spannungsgeladen beginnt.
Ein Zweibeiner kann mit zwei wesentlichen körpereigenen und damit sozialen Hilfestellungen seinen Hund begeistern. Da ist zum einen die Körpersprache, die durch Gestik, Mimik und Haltung im ZOS®-Training eine ungemeine Faszination beim Hund auslösen kann (siehe S. 76 ff., 88 ff.).
Zudem sollte der Zweibeiner keinesfalls auf die Lautsprache verzichten. Gerade im Aufbau des ZOS®-Trainings lässt sich über eine fein differenzierte und der Individualität des Hundes angepasste Lautsprache ein zusätzliches Spannungsfeld mit ungeheurem Motivationsfaktor erreichen.

Beides zusammen, Körpersprache und Lautsprache, zählen zu den leistungsförderndsten Elementen im ZOS®-Training.
Übrigens, eine fehlende Motivationsfähigkeit des Zweibeiners ist der häufigste Grund für eine ausbleibende oder nachlassende Lust des Hundes an ZOS®.
Wenn es somit um sogenannte Fehlerquellen im ZOS®-Training geht, achten wir deshalb ganz besonders auf die Motivationsfähigkeiten der klagenden Hundebesitzer.
Aber es gibt vereinzelt auch übermotivierte Hunde, die durch ihre betreuenden Zweibeiner nicht motiviert, sondern derart aufgeputscht werden, dass sie im ZOS®-Training zunehmend hektisch oder auch orientierungslos werden.

EINSATZ DES KLICKERS

Der Klicker stellt eine enorme Lernbeschleunigung im ZOS®-Training dar. Allerdings muss dabei vorausgesetzt werden, dass er beim Üben auch richtig eingesetzt wird.

Im Allgemeinen wird ein Klicker als unmittelbare Ankündigung für eine Belohnung verwendet. Dabei spricht man auch von einem sogenannten Auflöse-Klick. Das Klickgeräusch kündigt die Belohnung an und der Hund unterbricht deshalb seine Handlung, um die Belohnung zu erhalten. Die Handlung wird quasi durch den Klick „aufgelöst".
Eine völlig andere Variante im Umgang mit dem Klicker nennt man Verstärker-Klick. Das Klickgeräusch kündigt nun keine unmittelbar bevorstehende Belohnung an, sondern signalisiert dem Vierbeiner, dass er alles richtig macht und er seine momentan gezeigte Handlung weiter ausführen soll. Das gerade gezeigte Verhalten des Hundes wird somit „verstärkt". Die Belohnung des Vierbeiners erfolgt dann – ohne vorausgehenden Klick – an einer Stelle, an der das erwünschte Verhalten des Hundes am optimalsten gezeigt wird. Der wesentliche Unterschied besteht dabei im Zeitfenster. Beim Auflöse-Klick wird sofort belohnt, beim Verstärker-Klick deutlich später.
Für ein qualitativ hochwertiges ZOS®-Training benötigen wir beide (!) Varianten. Warum das so ist, wird nachfolgend erläutert. Beginnen wir zunächst mit der Begründung, warum wir zum ZOS®-Aufbau den Auflöse-Klick benötigen.

01 Der Start: Klicker und Futter in der einen und den Gegenstand in der anderen Hand.

DER AUFLÖSE-KLICK

Den Auflöse-Klick benötigen wir vor allem zu Beginn unserer allerersten ZOS®-Trainings. Nehmen wir hierzu erneut das Beispiel mit der Wäscheklammer.
Diese soll der zukünftige ZOS®-Gegenstand unseres Hundes werden. Zu Beginn ist diese Wäscheklammer für einen Hund ein völlig wertneutraler Gegenstand. Er ist aus Sicht des Hundes weder mit positiven noch negativen Eigenschaften verknüpft.

ÜBUNGSAUFBAU

Gehen Sie vor Ihrem Hund in die Hocke und halten Sie diesen belanglosen Gegenstand so zwischen Daumen und Zeigefinger einer Hand, dass mindestens zwei Drittel der Wäscheklammer frei vor Daumen und Zeigefinger herausragen.
Die Wäscheklammer befindet sich nun seitlich vor Ihrem Körper und da Hunde grundsätzlich neugierig sind, kommt es sehr schnell zu einer ersten Berührung des Gegenstandes mit dem Fang beziehungsweise mit der Nase des Hundes.
Diese Berührung bestätigen Sie mit einem Klick und in unmittelbarer Folge erhält Ihr Vierbeiner für diese Berührung ein Leckerli direkt am Gegenstand, das Sie in der anderen Hand deponiert haben. Anschließend nehmen Sie Ihre Hände wieder in die ursprüngliche Ausgangsposition zurück. In den meisten Fällen lässt sich eine zweite Berührung der Wäscheklammer durch die Hundenase erreichen. Und wieder ertönt der Klick und wieder gibt es in unmittelbarer Folge eine Futterbelohnung. Dann erneut in die Ausgangsposition und alles beginnt von vorn. Bei lernfreudigen Hunden ist, bedingt durch den Einsatz des Auflöse-Klicks, schon nach wenigen Minuten eine Erfolgsbilanz zu verzeichnen. Aufmerksame Vierbeiner verstehen den Weg zur Belohnung sehr schnell. Das Berühren der Wäscheklammer wird innerhalb kürzester Zeit zu einer Selbstverständlichkeit. Das Klickgeräusch wird zudem vom Hund als äußerst angenehm und letztlich motivierend empfunden. Pro Trainingsminute sind so zwischen 10 und 15 Lernwiederholungen möglich. Dadurch bedingt festigt sich dieses Startsystem schnell.

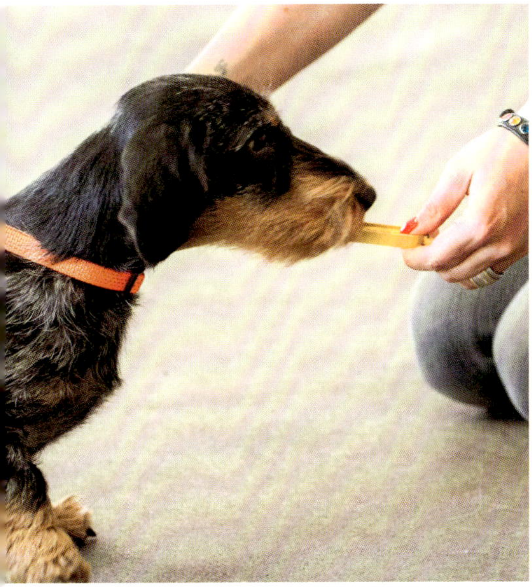

02 Die Hundenase berührt den Gegenstand: Klick!

03 Wichtig: Die Belohnung „kommt" zum Gegenstand.

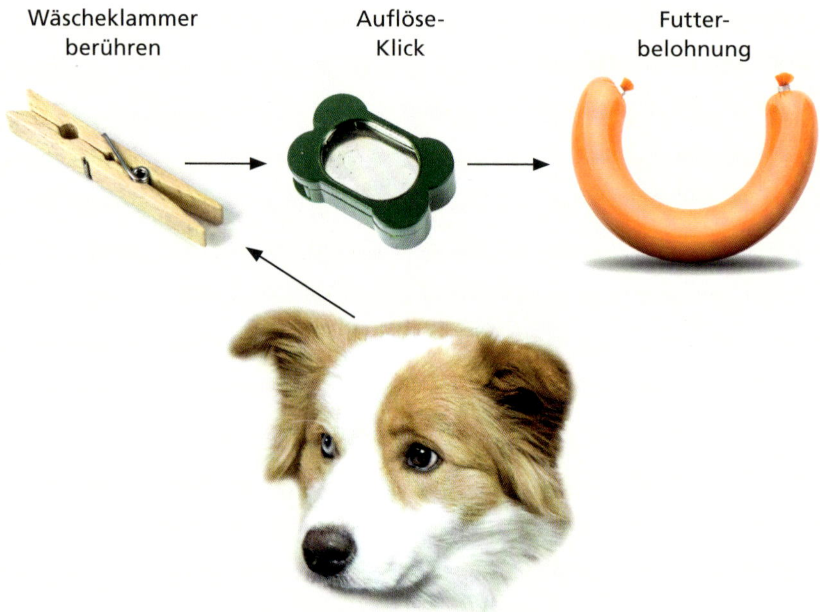

Ablauf beim Auflöse-Klick: Hund berührt den Gegenstand – Klick – und dann folgt umgehend die Belohnung durch Futter.

NACHTEILE DER STIMMLICHEN BESTÄTIGUNG

Wird in diesem Zusammenhang auf den Klick verzichtet und stattdessen die Stimme des Zweibeiners zur Bestätigung eingesetzt (Beispiel: „Super"), dauert der Weg zum Lernerfolg aus zwei Gründen erfahrungsgemäß deutlich länger. Zum einen ist die Stimme des Menschen mit einer sozialen Botschaft verbunden, wodurch sich viele Hunde anfangs ablenken lassen. Zum anderen ist es unmöglich, ein gesprochenes Wort 10- bis 15-mal mit dem exakt selben Klang zu versehen. Mal ist das Wort etwas lauter, mal leiser, mal langgezogener, mal kurzbetonter, mal mehr und mal weniger emotional ...
Ein Klicker bleibt in seiner „Lautäußerung" definitiv und in jeder Hinsicht kontinuierlich. Das bringt in der ZOS®-Startphase viele Vorteile. Die Vorteile sind vorallem in der frühen und damit sensiblen Lernphase sehr groß. Das gilt aber auch für Nachteile, wenn der Klicker falsch eingesetzt werden sollte.

LERNEFFEKT DES AUFLÖSE-KLICKS

Vereinfacht dargestellt, ergibt sich beim Einsatz des Auflöse-Klicks der nachfolgend dargestellte Lerneffekt:
Aus Sicht des Hundes ist der Weg zum Leckerli bereits nach kurzer Trainingszeit ein sehr einfacher. Über den vergleichsweise kleinen „Umweg" Wäscheklammer kommt er – angekündigt durch das Klickgeräusch – zur Futterbelohnung. Damit wird auch klar, dass die Wäscheklammer eine attraktivere Bedeutung bekommt, auch wenn das eigentliche Interesse des Hundes an der Wäscheklammer zu diesem Zeitpunkt noch sehr gering ausfallen dürfte. Doch das wird sich später noch ändern.
Es steht außer Frage, dass der Auflöse-Klick als enormer Lernbeschleuniger die erste Wahl beim Start des ZOS®-Trainings sein muss.
Wie wir aber bald feststellen werden, dürfen wir nicht allzu lange am Auflöse-Klick festhalten. Sobald nämlich das ZOS®-Training fortgeschrittene Formen annimmt, birgt der Auflöse-Klick Risiken, die sich vor allem in

der Anzeige der später versteckten Wäscheklammer bemerkbar machen werden.
Wir wünschen uns, dass der Hund bei der Anzeige seines versteckten ZOS®-Gegenstandes ruhig, konzentriert und auch beharrlich mit seiner Nase an der Geruchsquelle liegen bleibt. Würden wir jetzt noch mit dem Auflöse-Klick trainieren, käme diese erwünschte Ruhe mit konzentriertem Fokus auf die Geruchsquelle kaum zustande, denn der Vierbeiner würde seine ruhige Anzeigeposition nach dem Klickgeräusch sofort abbrechen und erwartungsvoll zum Zweibeiner schauen. Denn jetzt muss es ja schließlich eine Futterbelohnung geben. Damit würde unser Wunsch nach einer ruhigen und konzentrierten Anzeige des Hundes an der Wäscheklammer kaum erfüllt werden können. In den ersten ZOS®-Jahren hatten wir tatsächlich nur mit dem Auflöse-Klick trainiert, auch beim Anzeigeverhalten der Vierbeiner. Und genau deshalb waren wir häufig mit dem Anzeigeverhalten der ZOS®-Hunde unzufrieden. Doch nach und nach haben wir den Auflöse-Klick durch den Verstärker-Klick ersetzt und mittlerweile zeigen so trainierte Hunde ein teilweise fantastisches Anzeigeverhalten.

☞ *Der Auflöse-Klick zu Beginn des ZOS®-Trainings bleibt unverändert wichtig! Doch sollte möglichst früh die Umstellung des Trainings mittels Verstärker-Klick erfolgen, um das nachfolgende Anzeigeverhalten zu optimieren.*

Worin aber unterscheidet sich im ZOS®-Training, sowohl lerntheoretisch als auch in der Praxis, das veränderte Modell des Klickgeräusches für unseren Vierbeiner? Zur Beantwortung dieser Frage befassen wir uns nun mit der Zielstellung beim Einsatz eines Verstärker-Klicks.

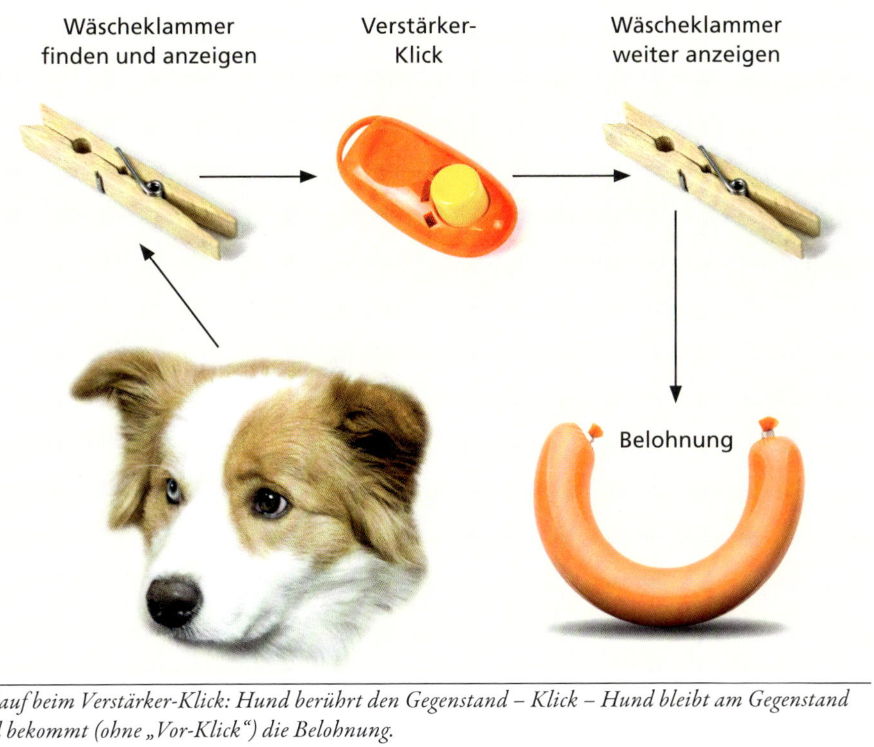

Ablauf beim Verstärker-Klick: Hund berührt den Gegenstand – Klick – Hund bleibt am Gegenstand und bekommt (ohne „Vor-Klick") die Belohnung.

01

02

03

04

05

06

07

08

09

01 ZOS®-Training im Park: Begonnen wird mit dem Startritual. Der Vierbeiner beobachtet erwartungsvoll das Geschehen.

02 Versteck zwischen den Brettern.

03 Die Suche beginnt.

04 Die Suche war erfolgreich.

05 Hochschauen ist unerwünscht und darf nicht bestätigt werden. Jetzt gilt abzuwarten.

06 Sobald das Anzeigeverhalten richtig ist, folgt die Futterbelohnung.

07 Zusätzlich bekommt der Hund während der Anzeige taktiles und verbales Lob.

08 Die Lob-Intensität immer dem Hund anpassen.

09 Am Ende erneut das Futterlob.

Ausgangsposition beim Startritual.

DER VERSTÄRKER-KLICK

Die Funktion des Verstärker-Klicks ist eine völlig andere als bei einem Auflöse-Klick. Die abgebildete und vereinfachte Darstellung erklärt schnell und plausibel, was jetzt lerntheoretisch verändert wird (siehe S. 38).
Beim Auflöse-Klick gibt es unmittelbar nach dem Klickgeräusch eine Belohnung und dadurch wird die Handlung des Hundes unterbrochen. Bleibt man im ZOS®-Training andauernd beim Auflöse-Klick, wird das Anzeigeverhalten aufgrund der „klickbedingten" Unterbrechungen unruhig und hektisch, das nennen wir dann eine „unsaubere" Anzeige.
Der Verstärker-Klick hingegen verspricht keine unmittelbar folgende Belohnung, sondern signalisiert dem Vierbeiner: „Das, was du gerade machst (ruhiges Anzeigeverhalten) ist richtig und gut! Mach weiter so!" Die Planungssicherheit beim Vierbeiner ist durch den gleichbleibenden und nicht veränderbaren Klang des Klickers mehr gegeben als durch ein vergleichbares Markerwort (Hörzeichen).
Die Zielstellung beim Verstärker-Klick lautet: Beibehaltung des gerade gezeigten Verhaltens.
Selbstverständlich darf bei einem Verstärker-Klick nie unmittelbar nach dem Klickgeräusch eine Belohnung erfolgen. Seine Belohnung erhält der Hund – ohne vorhergehenden Klick – bei ruhigem und konzentriertem Anzeigeverhalten am ZOS®-Gegenstand ohne vorherige Ankündigung.
Das alles mag auf den ersten Blick etwas kompliziert erscheinen, ist allerdings in der praktischen Umsetzung überhaupt nicht mehr kompliziert.
Stellen Sie sich einmal vor, Sie halten den Telefonhörer an Ihr Ohr und die Stimme am anderen Ende sagt Ihnen: „Auf Wieder-

hören.“ Jetzt werden Sie den Telefonhörer vom Ohr nehmen und auflegen. Alles andere macht wenig Sinn.
Sagt allerdings die Stimme „Ich verbinde“, dann halten Sie den Telefonhörer weiterhin am Ohr, weil Sie einen Gesprächspartner erwarten. Die eine Aussage löst Ihr Verhalten auf, die andere Aussage hält Ihr Verhalten aufrecht. Der Auflöse-Klick löst ein Verhalten auf, der Verstärker-Klick hält das Verhalten aufrecht.

WARUM ZWEI VARIANTEN?

Nun dürfen Sie die berechtigte Frage stellen, warum wir im ZOS®-Training nicht von Beginn an mit einem Verstärker-Klick arbeiten? Wozu denn mit dem Auflöse-Klick beginnen, wenn wir dann sowieso das System verändern? Die Antwort ist relativ einfach, denn ZOS® besteht im Training aus zwei sehr unterschiedlichen Lernschritten mit wenig vergleichbaren Zielstellungen.

Lernschritt 1 Ein unbedeutender, wertneutraler Gegenstand soll für den Hund eine hohe Attraktivität erhalten. Der Hund soll den Gegenstand kennen- und lieben lernen, nicht mehr und nicht weniger. Hierzu verwenden wir den Auflöse-Klick.

Lernschritt 2 Der Hund soll den zwischenzeitlich von ihm begehrten Gegenstand motiviert suchen, finden und anschließend auch noch anzeigen. Die Anzeige sollte möglichst lange ruhig und konzentriert verlaufen. Hierzu benötigen wir den Verstärker-Klick.

Für Lernschritt 1 kann kein Verstärker-Klick verwendet werden, weil kaum ein Hund bereit sein wird, bei einem aus seiner Sicht bedeutungslosen Gegenstand über mehr als eine Sekunde lang seine Nase hinzuhalten. Es fehlt anfangs die Attraktivität des Gegenstandes, da hat ein Vierbeiner kaum Lust, sich länger damit zu beschäftigen.
Genau aus diesem Grund bringen wir dem Hund durch zahlreiche Erfolgsübungen mit dem Auflöse-Klick (10 bis 15 Wiederholungen pro Minute) die Lust beziehungsweise die Motivation nahe, sich intensiver mit dem angebotenen Gegenstand zu beschäftigen. Sobald wir unter Einbeziehung des Auflöse-Klicks und einer Futterbelohnung dem Hund vergleichsweise schnell vermittelt haben, dass die Holzwäscheklammer etwas ganz Besonderes ist, müssen wir auf den Verstärker-Klick umsteigen.

LERNTHEORIE

Glaubt man der Lerntheorie unserer Verhaltensbiologen, genügen bei einem Hund zirka 200 bis 300 Lernwiederholungen, um in dessen Gehirn sogenannte Verknüpfungen (Fachbegriff: Assoziationen) zu erzeugen. Erst dadurch werden erlernte Prozesse in zunehmend beständige Verhaltensweisen umgesetzt. Für unser ZOS®-Training können wir diese wissenschaftliche Annahme durchaus bestätigen.

Legt man die Lerntheorie (siehe Kasten S. 35) zugrunde, so bedeutet das, dass wir im ZOS®-Training bereits nach ungefähr 20 Trainingsminuten, verteilt über zwei bis drei Übungstage, den Auflöse-Klick in einen Verstärker-Klick umwandeln sollten. Tun wir das nicht, wird es zunehmend schwieriger, den später so wichtigen Verstärker-Klick einzusetzen. Wer nämlich zu lange, im schlimmsten Fall über Wochen und Monate, den Auflöse-Klick verwendet, „installiert" im Gehirn seines Hundes sogenannte Automatismen. Das führt dazu, dass das Geräusch eines Klickers den Vierbeiner stets unruhig werden lässt, weil er ja gelernt hat, dass nach dem Klickgeräusch immer eine Belohnung kommt. Zwar ist es möglich, dieses reflexartige Verhalten wieder abzubauen, jedoch dauert es meist sehr lange, bis sich der gewünschte Erfolg einstellt. Deshalb führen Sie beim ZOS®-Start bitte früh die Umstellung vom Auflöse-Klick in den Verstärker-Klick durch.

KOMBINATION DER KLICKS AM BEISPIEL BENNO

Mit einem Beispiel aus der ZOS®-Praxis erläutern wir, wie wir den Vierbeiner Benno über den Auflöse-Klick mit den Besonderheiten des Verstärker-Klicks vertraut machen. Benno hat somit den ersten Lernschritt bereits verstanden und weiß ganz genau, dass er seine Belohnung über das Berühren der Holzwäscheklammer mit seiner Nase erhält. Zunächst benötigen wir übergangsweise sogenannte Leer-Klicks. Der Leer-Klick hat seinen Namen dadurch erhalten, dass es in unmittelbarer Folge des Klickgeräusches keine Belohnung gibt.

Das irritiert den Hund zunächst, wird aber in nahezu allen Fällen dazu führen, dass er den Gegenstand einfach nochmals mit seiner Nase berührt. Und in diesem Moment folgt doch eine Futterbelohnung – und zwar ohne Klickgeräusch.

In unserem Praxis-Beispiel Benno sieht das wie folgt aus:

01

02

03

1. Schritt Benno berührt mit seiner Nase die ruhig in der Hand gehaltene Holzwäscheklammer. Nach dem Auflöse-Klick wird ihm – wie zuvor immer wieder geübt – die Futterbelohnung ganz nahe an der Holzwäscheklammer gegeben.

01 Der Hund berührt den Gegenstand mit der Nase.

02 Unmittelbar nach dem Klick erfolgt durch die Futterhand die Leckerlibestätigung direkt am ZOS®-Gegenstand.

03 Nach der Bestätigung wird die Futterhand mit Klicker und Gegenstand wieder angeboten.

04 Jetzt erfolgt ein erneuter Klick.

05 Bleibt der Vierbeiner mit der Nase am ZOS®-Gegenstand, wird zeitverzögert erneut belohnt.

06 Gefüttert wird wieder direkt am Gegenstand.

04

05

06

2. Schritt Nach drei bis vier Wiederholungen wird durch den Zweibeiner zwar zum richtigen Zeitpunkt wieder geklickt, jedoch bleibt die Futterbelohnung aus! Das ist jetzt der sogenannte Leer-Klick. Benno ist etwas irritiert und versucht es nun noch einmal. Wieder berührt er mit seiner Nase die Holzwäscheklammer. Und jetzt erhält er – ohne bestätigenden Klick – die Futterbelohnung direkt an der Holzwäscheklammer.
Sollte Benno durch die Veränderungen in Schritt 2 etwas verunsichert wirken, wird wieder mit Schritt 1 begonnen und Schritt 2 erneut durchgeführt. Das Ganze so lange, bis Schritt 2 ohne Verunsicherung klappt.

3. Schritt Nach einer Anzahl entsprechender Wiederholungen von Schritt 2 nimmt Benno seine Nase kaum noch von der Holzwäscheklammer weg. Das Klickgeräusch (Leer-Klick) vernimmt er ja immer noch, aber da die erwartete Futterbelohnung ausbleibt, wird er immer häufiger mit der Nase an der Holzwäscheklammer bleiben. Denn schließlich bekommt er ja genau dort die Futterbelohnung.

4. Schritt Die sogenannten Leer-Klicks wandeln sich – quasi automatisch – zunehmend in Verstärker-Klicks um. Hört Benno jetzt das Klickgeräusch, bricht er sein Verhalten (Nase an der Holzwäscheklammer) kaum noch ab, denn seine Belohnung erfolgt ja jetzt zeitlich unabhängig vom Klickgeräusch.
Es wird somit nicht das Antippen des Suchgegenstandes mit der Hundenase bestätigt, sondern das ruhige Verharren mit der Nase am Gegenstand. Dadurch „beruhigt" sich zunehmend sein Anzeigeverhalten.

Wer jetzt glaubt, dass nach Erlernen von Schritt 4 das Klickgeräusch bedeutungslos wird, täuscht sich!
Der jetzt zielgerichtet eingesetzte Verstärker-Klick enthält nämlich gleich zwei motivierende Aspekte. Zum einen enthält das Klick-Geräusch das Signal „Richtig gemacht" beziehungsweise „Gut gemacht" (das ruhige Verweilen mit der Nase am Gegenstand) und zum anderen kündigt der Verstärker-Klick nach wie vor eine Belohnung an, nur nicht mehr unmittelbar nach dem Klick!
Dadurch wird Benno zweifelsfrei zusätzlich motiviert, seine Nase nicht von der Holzwäscheklammer zu entfernen. Denn sowohl Klick als auch Belohnung gibt es von nun an immer nur dann, wenn Bennos Nase ruhig und konzentriert an der Holzwäscheklammer bleibt. Ein „schönes" und damit konzentriertes, lang anhaltendes Anzeigeverhalten ist nicht nur das oberste Gebot für alle Zwei- und Vierbeiner, die im ZOS®-Sport aktiv sind.
Auch die Ansprüche ganz „normaler" Hundebesitzer, die ZOS® ihren Vierbeinern zur Auslastung und Beschäftigung anbieten, sind in den vergangenen Jahren ganz deutlich angestiegen. Viele von ihnen geben sich nicht damit zufrieden, dass der Vierbeiner einfach nur vor der Geruchsquelle des ZOS®-Gegenstandes liegen und hier auf seine Belohnung warten soll. Eine tolle Anzeige gehört da schon dazu.

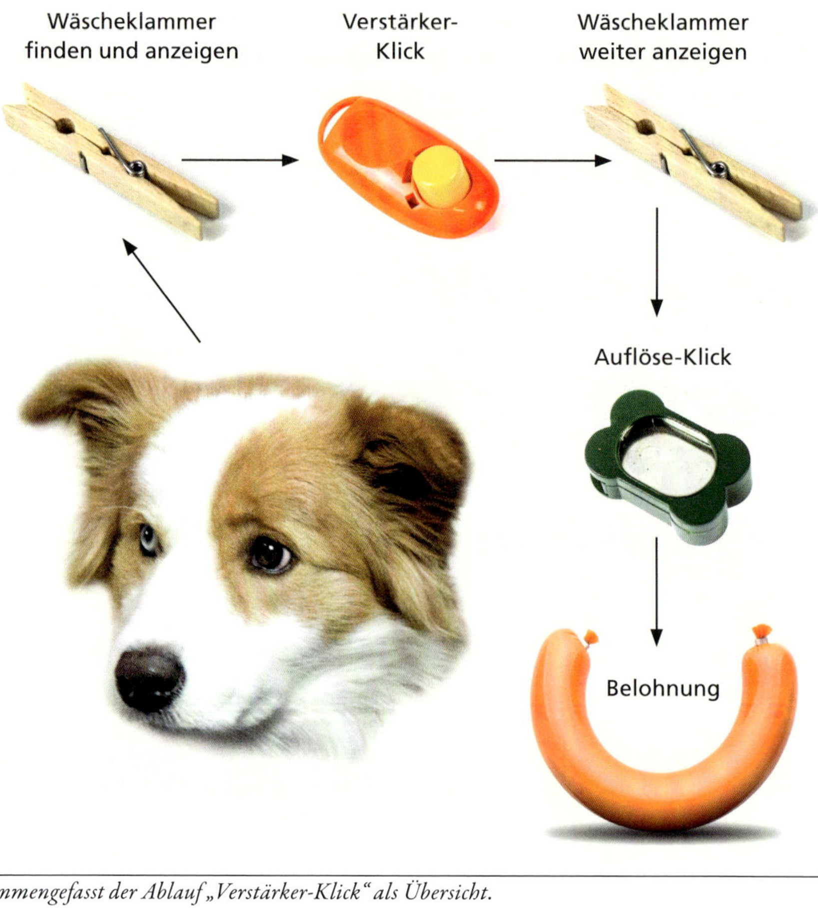

Zusammengefasst der Ablauf „Verstärker-Klick" als Übersicht.

ZWEI-KLICKER-VARIANTE

Bevor wir nun zum Erlernen der Platz-Anzeige des Hundes am ZOS®-Gegenstand kommen, möchten wir Ihnen einen letzten interessanten Aspekt zum Thema Auflöse- und Verstärker-Klick nicht vorenthalten. Es gibt mittlerweile ZOS®-Profis, die im Fortgeschrittenen-Training beide Klicker-Varianten zusammen (!) benutzen. Der Verstärker-Klick wird während der Anzeige eingesetzt. Doch am Ende wird die Belohnung mit einem Auflöse-Klick eingeleitet. Dazu werden allerdings zwei verschiedene Klicker mit unterschiedlichen Klickgeräuschen verwendet (siehe Darstellung links).

Vor allem im ZOS®-Sport ist die Zwei-Klicker-Variante immer mehr im Kommen. Da es mittlerweile viele Klicker in unterschiedlichsten tonalen Bereichen gibt, empfehlen wir für die Zwei-Klicker-Variante einen leisen Klicker für den Verstärker-Klick und einen lauteren Klicker für den Auflöse-Klick am Ende einer Anzeige. Der abschließende Auflöse-Klick signalisiert dem Vierbeiner die unmittelbar bevorstehende Belohnung.
Am Ende bleibt festzuhalten, dass ein optimales und effektives ZOS®-Training, vom Anfänger- bis zum Profistadium, unter der Begleitung beziehungsweise Nutzung des Hilfsmittels Klicker den schnellsten, besten und nachhaltigsten Erfolg verspricht. Das bedeutet jedoch nicht, dass ZOS® ohne Klicker nicht erlernt werden kann.

ZOS® OHNE KLICKER? JA, ABER …

Wir wissen alle, dass nicht wenige unserer vierbeinigen Sozialpartner mit Handicaps leben müssen. So gibt es auch zahlreiche gehörlose Hunde, die selbstverständlich auch ohne Einsatz eines Klickers ZOS® erlernen können. Und das auch mit hoher Präzision und beeindruckendem Leistungsvermögen. Allerdings liegt hier im ZOS®-Training der absolute Schwerpunkt auf der Vergabe von Sichtzeichen. Dabei ist das belohnende Sichtzeichen meist der nach oben gehaltene Daumen. Berührt der gehörlose Hund beim ZOS®-Start den in der einen Hand gehaltenen ZOS®-Gegenstand, wird mit dem Daumen der im Sichtbereich befindlichen zweiten Hand eine schnelle Bewegung nach oben gemacht. Unmittelbar danach gibt es die Futterbelohnung. Dieses Sichtzeichen steht dann stellvertretend für den Auflöse-Klick. Später kann dann der „Auflöse-Daumen" – genau wie bei der Klicker-Variante – zum „Verstärker-Daumen" werden.
Ein kleiner Nachteil besteht darin, dass der Zweibeiner beim Einsatz von Sichtzeichen nicht hinter dem Hund stehen kann, sondern seitlich beziehungsweise vor dem Vierbeiner. Aber auch Hunde, die keine Handicaps haben, können ohne Verwendung eines Klickers ZOS® erlernen. Hier wird stellvertretend für den Einsatz des Klickers die Stimme eingesetzt.
Wie die Erfahrung zeigt, ist das Erlernen von ZOS® ohne Klicker zwar möglich, jedoch nimmt es deutlich mehr Zeit in Anspruch und ist aufgrund von nicht ausbleibenden stimmlichen Schwankungen (Lautstärke, Frequenz, Emotionalität) für den Vierbeiner etwas schwieriger umzusetzen. Insbesondere sensible Hunde, die sich stark an den lautsprachlichen Gegebenheiten des Zweibeiners orientieren, können im ZOS®-Training auch immer wieder irritiert sein.
Der Klicker gilt allgemeinhin als sozial „neutral", da er dem Vierbeiner keinerlei emotionale Stimmungen seitens des Zweibeiners vermittelt. Stattdessen kündigt er ganz verlässlich eine Belohnung durch den Menschen an.
Wer somit keine grundlegende Aversion gegenüber dem Hilfsmittel Klicker hegt, sollte nach Möglichkeit auch nicht darauf verzichten.

01 Startritual bei einem tauben Hund.

02 Auch hier wird die Leistung verbal gelobt.

03 Verbales Lob verfeinert den Ausdruck der Körpersprache – auch beim lobenden Sichtzeichen.

04 Anschließend noch eine taktile Belohnung …

05 … und zum Abschluss die Futterbelohnung.

ANZEIGE DES ZOS®-GEGENSTANDES

Es gibt im Grunde genommen sechs wesentliche Anzeigemöglichkeiten, wenn ein Hund bei der Suche nach einem bestimmten Gegenstand beziehungsweise ganz bestimmten Gerüchen fündig wird.

AKTIVE UND PASSIVE ANZEIGE

Er kann sich hinsetzen, hinlegen, ruhig stehen bleiben, kratzen beziehungsweise scharren, bellen oder einfach zum Zweibeiner laufen.

— Kratzen, Scharren, Bellen oder zum Zweibeiner laufen zählt zu den sogenannten **aktiven Anzeigemustern**.

— Hinsetzen, Stehenbleiben oder Hinlegen zählt zu den **passiven Anzeigemustern**.

Dabei ist das Hinlegen unmittelbar an der Geruchsquelle, die sogenannte Platz-Position, besonders sicher und empfehlenswert. Diese Form des passiven Anzeigeverhaltens wird auch zunehmend und weltweit innerhalb sämtlicher Diensthundebehörden in der Ausbildung von Spürhunden eingesetzt. Dabei spielt es keine Rolle, ob die Diensthunde beispielsweise zur Suche nach Sprengstoff, Rauschgift, Blutanhaftungen oder Brandmittelbeschleuniger eingesetzt werden. Für ZOS® empfehlen wir auf alle Fälle ebenfalls die Platz-Anzeige, und so dürften rund 99 Prozent derer, die ZOS® praktizieren, auch die Platz-Position in der Anzeige trainiert haben.

ANZEIGE „PLATZ"

Es dauert in diesem Zusammenhang nur wenige Übungseinheiten, bis sich Hunde im ZOS®-Training am Suchgegenstand hinlegen. Problematisch kann es einzig und allein bei Hunden werden, denen vor dem ersten ZOS®-Training generell das Hörzeichen „Platz“ falsch beigebracht wurde.
Wurde beispielsweise mit zu viel Zwang und damit Druck trainiert, dann fühlt sich der Vierbeiner in der Platz-Position überhaupt nicht wohl. Im schlimmsten Fall reagiert er sogar auf das Hörzeichen „Platz“ unsicher oder ängstlich.
In solch einem Fall benötigt der Hundebesitzer ein neues Hörzeichen, das dann beispielsweise „Down“ lauten könnte.
Gehen wir jedoch davon aus, dass ein Hörzeichen „Platz“ für den zu trainierenden Hund keine Belastung darstellt.
Dann nämlich geht alles ganz einfach und vor allem sehr schnell. Meist genügen nur wenige Übungseinheiten, und die Platz-Position wird vom Vierbeiner allein durch eigeninitiatives Handeln gezeigt!
Mit der Anzeige-Übung (Platz-Position) wird sehr früh im ZOS®-Training begonnen, nämlich dann, wenn der Hund schon gelernt hat, den auf dem Boden liegenden ZOS®-Gegenstand (noch nicht versteckt) mit der Nase zu berühren. Meist wird hier bereits mit dem Verstärker-Klick gearbeitet. Selbst Welpen und Junghunde sind – wenn sie optimal motiviert werden – bei derartigen Übungen schon zu erstaunlichen Leistungen fähig. Gehen wir einfach einmal die einzelnen Übungsschritte durch.

PLATZ-ANZEIGE AM BEISPIEL BENNO

1. Schritt Benno berührt in stehender Position mit seiner Nase die Holzwäscheklammer. Durch den erlernten Umgang mit dem Verstärker-Klick bleibt Benno nach dem Klick-Geräusch mit seiner Nase dicht am ZOS®-Gegenstand. Dabei bleibt er weiter stehen, denn die Platz-Position wollen wir ihm ja erst noch beibringen.

2. Schritt Als Nächstes geht die Hand mit der Futterbelohnung ebenfalls dicht an den ZOS®-Gegenstand, aber Benno wird nicht gleich gefüttert, denn die Hand bleibt verschlossen. Benno hat somit zunächst keine Möglichkeit, sein Futter zu bekommen. Während er nun gespannt auf das Öffnen der Futterhand wartet, erfolgen mehrere Hörzeichen „Platz", „Platz", „Platz"... hintereinander. Die Hörzeichen sind leise gesprochen und haben ausnahmslos motivierende Klänge. Benno ist minimal irritiert, beginnt sich dann aber dennoch leicht nach unten zu beugen. Zumal er ja das Hörzeichen „Platz" nicht mit einer negativen Stimmung verbindet. Beim ersten Anzeichen, dass sich Benno ansatzweise hinlegen wird, öffnet sich langsam die Futterhand und Benno wird belohnt. Dann schließt sich die Hand wieder (es sollte sich noch immer Futter darin befinden) und entfernt sich etwas vom ZOS®-Gegenstand. Dadurch ist der Weg für die Hundenase zum ZOS®-Gegenstand wieder freigegeben. Benno hält nun seine Nase wieder an den ZOS®-Gegenstand und das Spiel beginnt von Neuem.

3. Schritt Mit jeder Wiederholung von Schritt 2 bleibt die Futterhand etwas länger geschlossen, sodass Benno nach und nach komplett vor dem ZOS®-Gegenstand zum Liegen kommt. Wichtig und interessant ist dabei, dass wir von keinem Hund im ZOS®-Training erwarten müssen, dass er sich sofort korrekt und komplett hinlegt. Allein die Erkenntnis, dass sich Benno quasi stückchenweise in die Platz-Position begibt, wird anfangs durch das Öffnen der Futterhand belohnt.

Diese Vorgehensweise wird übrigens fachlich „shapen" (deutsch: formen) genannt. Es wird anfangs nicht die erwünschte Endhandlung belohnt, sondern schon zuvor der Weg des Hundes in Richtung Endhandlung (Hinlegen). Diese Art des Lernens ist für Hunde generell einfacher und mit weniger Stress versehen. Nach und nach wird übrigens die Futterhand nicht mehr als Hilfe zur Platz-Position eingesetzt. Stattdessen wird das Hörzeichen „Platz" nur noch verbal (motivierend) eingefordert. Die Futterhand wird somit erst dann zur Belohnung eingesetzt, wenn der Vierbeiner bereits ruhig in der Platz-Position verweilt. Wie schnell der Zweibeiner auf die Orientierungshilfe durch die Futterhand verzichten kann, hängt sehr von der individuellen Lern- und Begeisterungsfähigkeit des einzelnen Hundes ab.

4. Schritt Sobald die Erfolge aus den beiden Schritten 2 und 3 deutlich erkennbar werden, wird Benno erst dann belohnt, wenn er die erwünschte Endhandlung (Hinlegen) dicht

Perfektes Verhalten des Vierbeiners in der Platz-Anzeige.

am ZOS®-Gegenstand schon selbstständig zeigen kann. Selbstverständlich wird das erlernte Verhalten nach Schritt 4 immer wieder im ZOS®-Training abgerufen, um es im Verhaltensrepertoire von Benno zu festigen.

Sollten innerhalb der Anzeige-Übungen für die Platz-Position Probleme auftreten, dann bitte immer wieder zu dem Lernschritt zurückkehren, bei dem das erwünschte Verhalten noch zu erkennen war. Wenn viel schiefgehen sollte, wird einfach nochmals mit Schritt 1 neu begonnen.

ANZEIGE MIT VERSTÄRKER-KLICK

Unser Verstärker-Klick wird übrigens nicht erst bei korrektem Anzeigeverhalten (Hund liegt konzentriert und dicht am ZOS®-Gegenstand) verwendet.
Spätestens im Lernschritt 4 (siehe oben) sollten auch die ersten Bemühungen des Vierbeiners, die Platz-Position einzunehmen, mit dem Klicker verstärkt werden.
Da es sich um keinen Auflöse-Klick handelt, wird dem Hund mit dem Klickgeräusch vermittelt, dass sein Vorhaben (sich hinzulegen) genau richtig und auch erwünscht ist.
In den meisten Fällen sind die Lernschritte 1 bis 4 nach kurzer Übungszeit vermittelt und der Hund legt sich selbstständig vor seinem ZOS®-Gegenstand ab. Zeitlich gesehen reichen hierfür zwischen vier und sechs Übungseinheiten je 3 Minuten.
Wer für den Übungserfolg wesentlich länger benötigen sollte, der muss davon ausgehen, dass sich innerhalb der vier Lernschritte irgendwo ein Fehler in der Umsetzung eingeschlichen hat.
Hier kann es beispielsweise sein, dass mit zu viel Druck trainiert wurde, oder dass einer der ersten drei Lernschritte zu schnell oder zu unpräzise erfolgt war.
Bis jetzt konnten Sie schon eine ganze Menge Insider-Wissen zu den Voraussetzungen für ein erfolgreiches ZOS®-Training sammeln.
Viele Details rund um den ZOS®-Gegenstand, um die Futterbelohnung, um die Anwendungsmöglichkeiten des Klickers und um eine erwünschte Platz-Position beim Auffinden des ZOS®-Gegenstandes.
Mit all diesem Wissen gehen wir nun – Schritt für Schritt – gemeinsam an den Start in ein erstes erfolgreiches ZOS®-Training.

01

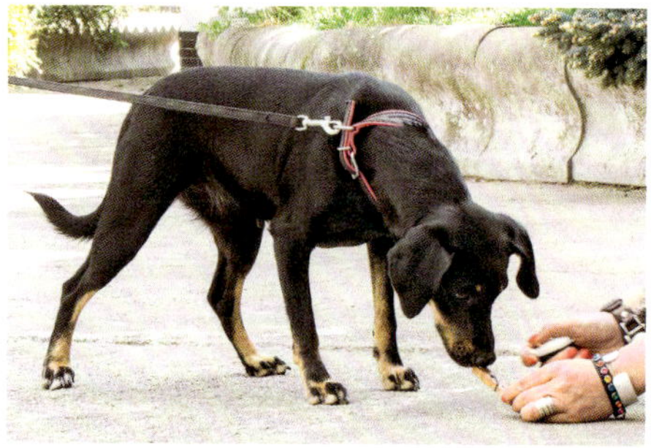

02

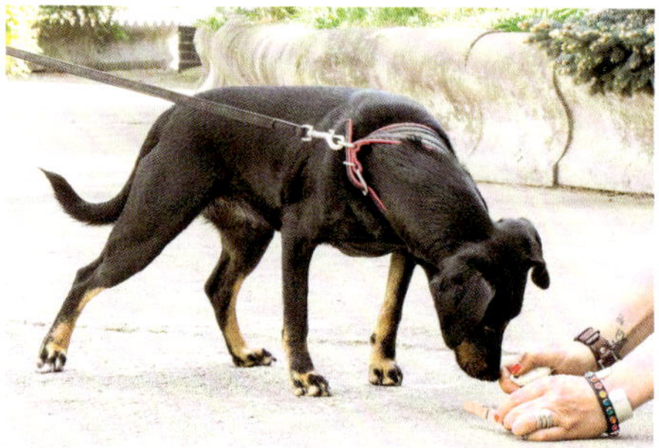

03

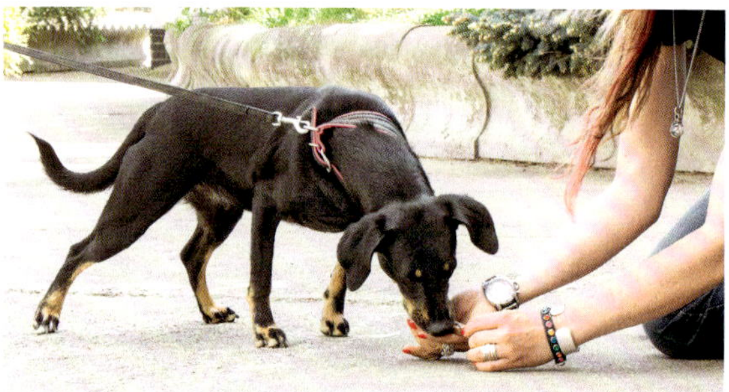

04

05

06

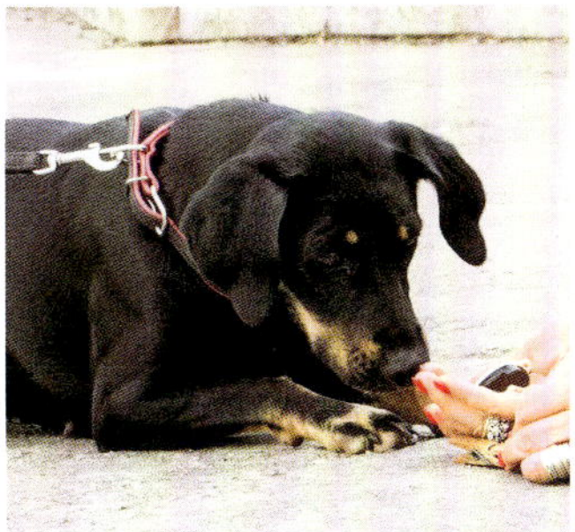

07

08

09

10

11

01 Gleich geht's los.

02 Der Gegenstand befindet sich in der Hand in Bodennähe.

03 Nach dem Berühren mit der Nase …

04 … erfolgt der Klick und dann die Belohnung am Gegenstand.

05 Erneutes Anbieten.

06 Nach dem Berühren legt sich die geschlossene Futterhand auf den Gegenstand und der Hund wird motivierend ins Platz gebracht.

07 Mit dem Hinlegen erfolgt ein Klick …

08 … und natürlich das Futterlob.

09 Vor der nächsten Bestätigung muss der Hund den Gegenstand selbstständig berühren.

10 Die Futterbestätigung erfolgt nun nicht unmittelbar nach dem Klick, sondern etwas zeitverzögert.

11 Erneut am Gegenstand füttern.

JETZT GEHT'S LOS
— *Einstieg in das ZOS®-Training*

DAS ANKLICKEN

Die ersten Schritte im ZOS®-Training gehören dem sogenannten Anklicken. Damit ist genau die Lernphase gemeint, bei der ein Klicker erstmalig in Verbindung mit ZOS® zum Einsatz kommt.

Mit dem Begriff „Anklicken" ist ein Basistraining gemeint, bei dem der Vierbeiner durch seine Bezugsperson oder auch durch einen besonders geschulten ZOS®-Trainer mittels Klicker (anfangs Auflöse-Klick) die hohe Attraktivität des zunächst noch unbekannten ZOS®-Gegenstandes kennenlernen soll. Gehen wir nun im Folgenden gemeinsam die einzelnen Schritte durch.

ABLENKUNGSFREIE UMGEBUNG

Lernen fällt besonders leicht, wenn die den Hund umgebende Atmosphäre weitestgehend frei von ablenkenden Reizen ist.
Gerade im ZOS®-Training bestimmt von Beginn an die Konzentrationsfähigkeit des Vierbeiners den Erfolg beim Üben.
Jede Ablenkung kann anfangs die Konzentration des Hundes unterbrechen und damit verzögert sich selbstverständlich auch der erhoffte Lernerfolg.
Zudem ist es sinnvoll, wenn der Hund zum Trainingsbeginn von einer Hilfsperson an einer etwas längeren Leine festgehalten wird. Steht diese Hilfsperson nicht zur Verfügung, sollte der Vierbeiner an einer derartigen Leine angebunden werden.
Nach dem Anbinden bitte den Hund langsam an das Leinenende führen, damit er nicht mit einem schnellen Satz nach vorn springen kann und dadurch einen ungewollten Leinenruck erhält.
Warum der Hund angebunden werden sollte, ist schnell erklärt.
Nach dem Lernprinzip „Versuch und Irrtum" werden im ersten Training dem Vierbeiner sowohl die Hand mit dem ZOS®-Gegenstand als auch die Hand mit dem Klicker samt Futter entgegengehalten.
Das geschieht so, dass der Hund sowohl die Hand mit dem ZOS®-Gegenstand als auch die Klicker-/Futterhand bequem mit seiner Nase erreichen kann.
Das begehrte Leckerli aus der Futterhand bekommt er allerdings erst, wenn er zuvor den ZOS®-Gegenstand in der anderen Hand mit seiner Nase berührt.
Die meisten Hunde werden anfangs alles Mögliche unternehmen, um einen direkten Erfolg an der Futterhand zu bekommen.
Dazu gehört leider auch, dass sie versuchen, den Zweibeiner zu umkreisen oder gar an ihm hochspringen. Damit wird jedoch der Lernerfolg verlangsamt, weil es immer wieder durch die körperlichen Aktivitäten des Vierbeiners zu ungewollten Unterbrechungen kommt.

☞ *Genau deshalb: den ZOS®-Lehrling an der Leine festhalten lassen oder an einer geeigneten Vorrichtung anbinden. Die Leine darf dabei keinesfalls zu kurz aber auch nicht zu lang sein. Als ideal haben sich dabei Leinenlängen zwischen einem und zwei Metern bewährt. Eine zu kurze Leine schränkt die Aktivitäten ein, eine zu lange Leine ermöglicht keine Kontrolle.*

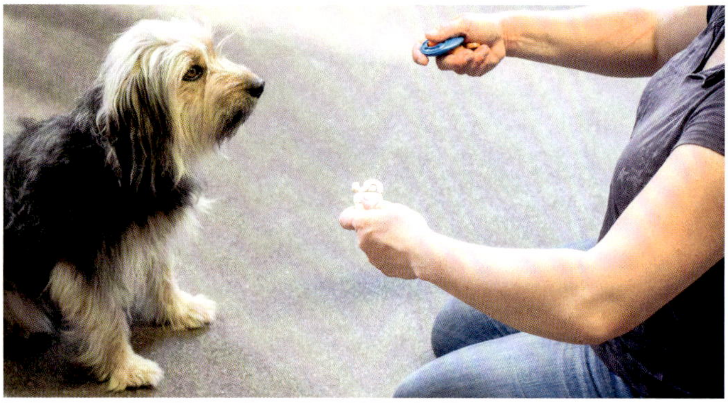

01 In der rechten Hand des Zweibeiners: Klicker und Futter.

02 Das bringt keinen Erfolg!

03 Nur so ist es richtig!

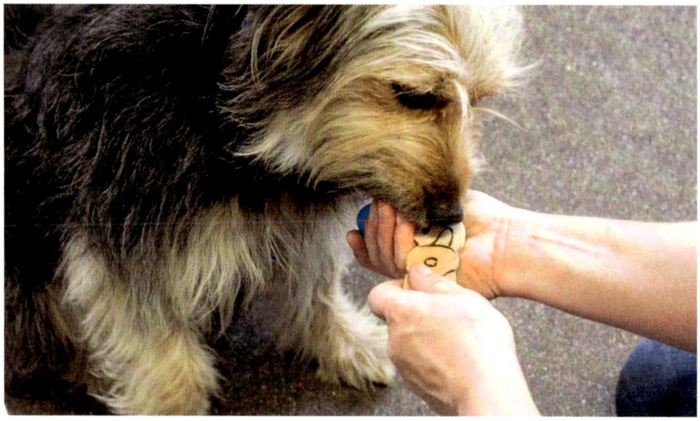

04 Dafür gibt es jetzt die Belohnung am Gegenstand.

ZOS®-GEGENSTAND RICHTIG HALTEN

Klicker und Futter werden zusammen in die eine Hand, der ZOS®-Gegenstand in die andere Hand genommen. Dabei sollte der ZOS®-Gegenstand so wenig wie nur möglich von der Hand bedeckt werden. Ideal ist es, wenn er zwischen dem Daumen und den zusammenliegenden Zeige- und Mittelfinger gehalten wird.

Beide Hände werden jetzt auf Hundenasehöhe, etwas seitlich versetzt, vor den Hund gehalten.

Die beiden Hände und die Nase des Hundes bilden nun ein Dreieck.

Die Hände werden übrigens nur schulterbreit auseinander gehalten. Dadurch wird gewährleistet, dass der Weg zwischen der Hundenase und der beiden Hände nicht zu weit ist und damit ohne große Anstrengungen erreicht werden kann. Wenn diese Position eingenommen ist, soll das aus der Hand ragende Ende des ZOS®-Gegenstandes in Richtung Hundenase gehalten werden, so als ob man die Nase des Hundes mit einer kleinen Taschenlampe beleuchten wollte.

Zeigt der ZOS®-Gegenstand hingegen anfangs noch nicht in Richtung Hundenase, wird er einfach mit einem leichten Schwenken oder Drehen der Hand in die richtige Position gebracht.

In jedem Fall muss der ZOS®-Gegenstand so weit wie möglich aus der Hand ragen, denn sonst kann es passieren, dass der Hund nicht den Gegenstand, sondern einen Finger der Hand berührt. Damit ist aber kein Lernerfolg möglich.

DAS STARTRITUAL

Am effektivsten ist es, der Zweibeiner kniet oder setzt sich vor den Vierbeiner. Ein Stehenbleiben und Über-den-Hund-Beugen kann den Vierbeiner irritieren und sollte deshalb vermieden werden.
Beim Anklicken werden beide Hände zunächst mit Klicker und Futter (in der einen Hand) und dem ZOS®-Gegenstand (in der anderen Hand) nach oben, leicht über die Schulterhöhe gehalten.
Damit wird verhindert, dass der Hund bereits vor dem Start die beiden Hände erreichen kann.
Stimmt die Ausgangsposition, muss der ZOS®-Gegenstand noch verbal (mit einem Hörzeichen) benannt werden. Die Benennung des Gegenstandes wird deshalb erforderlich, weil der vierbeinige ZOS®-Lehrling später einmal als Fortgeschrittener auch unterschiedliche ZOS®-Gegenstände suchen und anzeigen können soll. Dazu muss er natürlich wissen, welcher ZOS®-Gegenstand gerade gefunden werden soll.

In der sogenannten Differenzierungssuche können dann auch drei bekannte ZOS®-Gegenstände versteckt liegen, aber nur ein ganz bestimmter soll gesucht und angezeigt werden.
In dem Augenblick, in dem der Vierbeiner den Zweibeiner erwartungsfreudig anschaut, werden beide Hände aus der Ausgangsposition in die Startposition gehalten. Das wäre dann die bereits beschriebene Dreiecksposition.
Mit dem Herunternehmen beider Hände erfolgt das Startwort (Beispiel: „ZOS“), wodurch dem Hund der Übungsbeginn signalisiert wird. Dabei darf der Zweibeiner keinesfalls den Vierbeiner erwartungsvoll in die Augen schauen. Stattdessen dreht er seinen Kopf und damit den Blick interessiert in Richtung ZOS®-Gegenstand.
Viele werden sich nun fragen, warum das Startritual so präzise aufgebaut werden soll. Nun, die Erfahrungswerte der ersten ZOS®-Jahre zeigten immer wieder das Problem auf, dass viele Zweibeiner versehentlich nicht das Berühren des ZOS®-Gegenstandes, sondern

Gegenstand, Klicker und Hundenase bilden ein Dreieck.

das Berühren der Hand beziehungsweise der Finger mit einem Auflöse-Klick bestätigt hatten. Dadurch wird aber ungewollt die Anzeige der Hand und nicht die Anzeige des Gegenstandes konditioniert.
Das wiederum kann später dazu führen, dass der Hund beim Finden des ZOS®-Gegenstandes immer wieder die Hand des Zweibeiners „vermisst" und somit nie gelernt hat, dass es ja ausschließlich um die Geruchsquelle des ZOS®-Gegenstandes geht. Bei diesem Aufbaufehler handelt es sich um eines der häufigsten Missgeschicke im Training.

01 Klickzeitpunkt falsch, da die Hand berührt wird!

02 Klickzeitpunkt richtig! Der Gegenstand wird berührt.

FUNKTION DER FUTTERHAND

Wie wir ja bereits wissen, werden Klicker und Futter in einer Hand gehalten. Der Klicker befindet sich zwischen Zeigefinger und Daumen, das Futter in der – durch die übrigen drei Finger bedeckten – Handinnenfläche. Die drei Finger müssen den kleinen Leckerli-Vorrat so umschließen, dass der Vierbeiner nicht ungewollt etwas aus der Hand stibitzen kann. Wenn man in der zuvor benannten Dreiecksposition die Futterhand anbietet, wird fast jeder Hund erst einmal versuchen, das Futter aus der Hand zu bekommen. Hier muss vor allem aufgepasst werden, dass die Futterhand starr, und somit stabil, an der zu Beginn eingenommen Startposition bleibt.
Ist der Zweibeiner zu nachgiebig und lässt sich durch die Hundenase immer wieder wegdrücken beziehungsweise wegschieben, können derartig unruhige Handbewegungen sehr schnell einen motivierenden Charakter aufzeigen. Schlimmstenfalls bleibt dann der Vierbeiner an der Futterhand „kleben".
Aber auch ein Wegziehen der Futterhand bei einem bedrängenden Vierbeiner ist immer mit Nachteilen verbunden. Der Hund soll schließlich möglichst früh lernen, dass die Futterhand für ihn ohne Bedeutung ist. Keine Bewegung des Hundes in Richtung Futterhand darf belohnt werden. Zur Belohnung kommt nämlich die Futterhand immer zum Gegenstand und damit zum Hund, der ja den ZOS®-Gegenstand gerade berührt oder später anzeigt. Sollte sich der Hund trotz ruhig gehaltener Futterhand nicht davon lösen wollen, kann man mit dem ZOS®-Gegenstand leichte Wackelbewegungen durchführen. Dieser ablenkende und auch motivierende Bewegungsreiz hilft in nahezu allen Fällen, den Fokus auch einmal auf den ZOS®-Gegenstand zu richten. Selbstverständlich muss dieses Verhalten (Berühren des ZOS®-Gegenstandes mit der Nase) sofort über den Auflöse-Klick und anschließende Futter-

belohnung (am ZOS®-Gegenstand) bestätigt werden. Dabei aber beachten, dass sich die leichten Wackelbewegungen mit dem ZOS®-Gegenstand nicht zu einem „Dauerwackeln" entwickeln. Es sollen nur dezente Hinweise an den Hund gegeben werden. Sobald der Vierbeiner dies bemerkt, wird die Wackelbewegung eingestellt.

AUFLÖSE-KLICK VOR DER BEWEGUNG DER FUTTERHAND

Sobald der Vierbeiner den ZOS®-Gegenstand berührt, muss man darauf achten, dass zunächst geklickt wird, ohne die Futterhand zum Hund zu bewegen. Der Zweibeiner neigt häufig dazu, möglichst schnell die Futterhand zur Belohnung einzusetzen. So kann es passieren, dass der Klick erst während der Handbewegung erfolgt. Dadurch verknüpfen Hunde sehr schnell den Klick mit der Handbewegung. Das wiederum führt zu späteren Irritationen beim Anzeigeverhalten.

☞ *Also, zuerst der Klick und dann beginnt die Bewegung der Futterhand in Richtung Vierbeiner.*

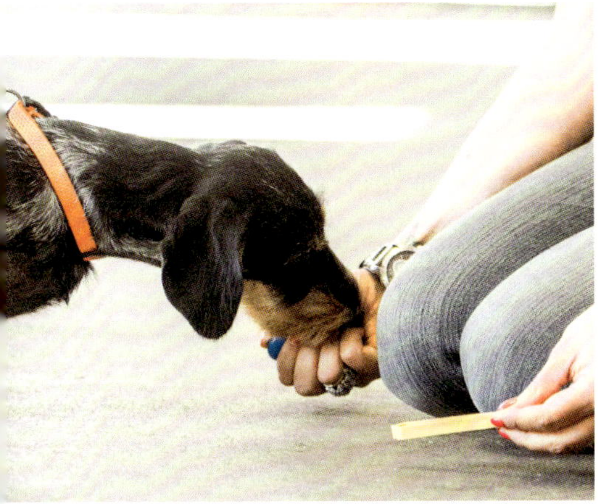

01

02

03

01 *Manche Hunde irritieren ihre Zweibeiner, weil sie sich an der Futterhand regelrecht „festfressen" und kaum noch davon zu trennen sind.*

02 *Sehr häufig kann mit einem kleinen Trick die Trennung von der Futterhand erreicht werden. Durch schnelle Kipp- und Schwenkbewegungen des ZOS®-Gegenstandes kann die verlorengegangene Aufmerksamkeit des Hundes wieder aufgebaut werden. Allerdings darf nur der Gegenstand und nicht die Hand bewegt werden.*

03 *Tritt der erhoffte Erfolg ein, muss auch sehr schnell die Futterbelohnung erfolgen. Selbst dann, wenn das gezeigte Anzeigeverhalten nicht optimal ist. Ansonsten kann es passieren, dass sich der Vierbeiner erneut an der Futterhand „festfrisst".*

01 Nach dem Start …

02 … gibt es Hunde, die den Gegenstand sofort berühren.

FÜTTERN AM ZOS®-GEGENSTAND

Nach dem Klick für das Berühren des ZOS®-Gegenstandes durch die Hundenase, wird nun die Futterhand unter(!) den Gegenstand gelegt und der Hund somit direkt am ZOS®-Gegenstand belohnt. Dabei darf der Hund aber nicht vom Gegenstand weggedrängt werden. Die komplette Zeit der Fütterung bleiben Futter und ZOS®-Gegenstand untrennbar miteinander verbunden. Das nennen ZOS®-Profis „gegenstandstreues" Füttern. Beim Bewegen der Futterhand zum Vierbeiner sollten zu schnelle beziehungsweise stoßartige Bewegungen vermieden werden. Das kann einen ZOS®-Lehrling irritieren oder erschrecken. Besser ist es, die Futterhand in einer halbkreisförmigen Bewegung vom Hund weg zum Gegenstand zu führen. Die Futterhand bleibt auf dem Weg zum ZOS®-Gegenstand stets geschlossen. Erst wenn sie unmittelbar unter dem ZOS®-Gegenstand angekommen ist, öffnet sich die Hand etwas und der Vierbeiner kann daraus fressen. Mit dem Öffnen der Hand kann der Hund auch verbal gelobt werden. Bei diesem Bestätigungsritual muss darauf geachtet werden, dass sich der Zweibeiner nicht zu sehr über seinen Hund beugt. Auch das führt immer wieder zu Irritationen, vor allem bei sensiblen Hunden.

Noch am ZOS®-Gegenstand wird während des Fressens die Futterhand wieder geschlossen und somit der Vierbeiner vom noch verbliebenen Futter in der Hand getrennt. Das verbale Lob wird beendet und dann die Futterhand zusammen mit der Gegenstandshand wieder zur Schulter in die Ausgangsposition hochgenommen. Und jetzt geht es ausschließlich um nachfolgende Übungswiederholungen. Das Futter in der Hand reicht für durchschnittlich drei bis vier aufeinanderfolgende Übungen. Sobald die Futterhand leer ist, wird sie quasi wieder mit Futter „aufgetankt" und es kann weitergehen. Innerhalb weniger Minuten haben die meisten Hunde durch das Anklicken die an sie gestellte Aufgabe verstanden. Die Bedeutung und auch die Attraktivität des ZOS®-Gegenstandes nehmen erste Formen an.

ÜBUNGSABLAUF BEIM ANKLICKEN

Fassen wir an dieser Stelle nochmals den Ablauf beim Anklicken kurz zusammen:

- Der Hund wird gehalten beziehungsweise angebunden.
- Der Zweibeiner nimmt Leckerli und Klicker zusammen in eine Hand, wobei das Futter durch drei Finger abgedeckt beziehungsweise umschlossen wird.

03 Dies wird umgehend belohnt.

04 Danach wird wie gewohnt weitergemacht.

- In der anderen Hand hält er den weit herausragenden ZOS®-Gegenstand.
- Der Zweibeiner kniet oder setzt sich vor seinen Hund. Er achtet darauf, dass er sich nicht mit seinem Vierbeiner beschäftigt, sondern schaut interessiert zum ZOS®-Gegenstand.
- Dann werden beide Hände leicht über die Schulter nach oben gehalten.
- Sobald der Hund interessiert schaut, was der Zweibeiner gerade macht, benennt dieser den Gegenstand (Hörzeichen).
- Beide Hände werden nun auf Hundenasehöhe heruntergenommen. Dabei wird die Dreiecksposition (Hundenase – Futterhand – Gegenstandshand) beachtet.
- Der ZOS®-Gegenstand wird aus dem Handgelenk in Richtung der Hundenase ausgerichtet.
- Start-Hörzeichen geben.
- Sobald der Hund mit seiner Nase den ZOS®-Gegenstand berührt, sofort klicken.
- Erst dann die geschlossene Futterhand dem Vierbeiner annähern und unter den ZOS®-Gegenstand legen.
- Die nun unter dem ZOS®-Gegenstand liegende Futterhand wird etwas (nicht ganz) geöffnet und der Hund erhält eine Belohnung.
- Beim Bestätigen darauf achten, dass der Vierbeiner die Futterhand nicht vom Gegenstand wegdrückt.
- Den Hund während des Fressens verbal loben bzw. motivieren.
- Noch während der Vierbeiner frisst, direkt am ZOS®-Gegenstand die Futterhand schließen und das verbale Lob einstellen.
- Solange sich Futter in der Hand befindet, die Übung mehrmals wiederholen.
- Befindet sich kein Futter mehr in der Hand, erst wieder „nachladen" und anschließend wieder von vorne beginnen.

TROCKENTRAINING

Es ist immer vorteilhaft, wenn man vor der ersten Praxisübung mit dem Vierbeiner das sogenannten „Trockentraining" absolviert. Damit ist gemeint, dass idealerweise zu Beginn mit einem Stoffhund trainiert werden sollte. Steht kein Stoffhund zur Verfügung, kann auch ein beliebiger Gegenstand so verwendet werden, dass die Bewegungen einer Hundenase imitiert werden. Damit können typische Aufbaufehler simuliert werden, ohne dass der eigene Hund darunter „leidet". Zumal ja bei jedem neuen Lernen die Fehlerquote nicht zu hoch sein darf, um Fehlverknüpfungen zu vermeiden.

FEHLERQUELLEN

Wenn Zweibeiner beklagen, dass ihre Vierbeiner schnell das Interesse an den ersten ZOS®-Übungen verloren hatten, dann sind die Ursachen nur in den seltensten Fällen beim Hund zu suchen.
Deshalb an dieser Stelle die am häufigsten anzutreffenden Ursachen:

- Der Hund berührt den ZOS®-Gegenstand, der Zweibeiner versäumt, den Klicker zu betätigen.
- Die Wahl der Futterbelohnung ist nicht passend. Der Hund langweilt sich deshalb.
- Der Zweibeiner lobt verbal nicht oder zu wenig, die soziale Motivation fehlt dem Vierbeiner.
- Der Zweibeiner beugt sich zu stark über seinen Hund, wodurch dieser irritiert oder bedrängt wird.
- Die Futterhand drückt während der Bestätigung den Hund vom ZOS®-Gegenstand seitlich oder nach hinten weg.
- Das erste ZOS®-Training findet in ablenkender Atmosphäre statt, der Hund kann sich nicht gut genug konzentrieren.

Auf keinen Fall dürfen Sie sich zu sehr über den Hund beugen.

SEITENWECHSEL

Befindet sich der ZOS®-Gegenstand beispielsweise in der rechten und der Klicker in der linken Hand, sollte nach den ersten Erfolgen auch möglichst früh ein sogenannter Hand- oder Seitenwechsel erfolgen. Das heißt, der ZOS®-Gegenstand wird jetzt in die linke Hand und der Klicker sowie das Futter in die rechte Hand genommen. Wer auf einen derartigen Übungswechsel verzichtet, muss damit rechnen, dass sich sein Vierbeiner im wahrsten Sinne des Wortes „einseitig" orientiert und damit immer stärker auf die eine oder auf die andere Hand fokussiert.

ANKLICKEN MIT DREI GEGENSTÄNDEN

Nur die wenigsten Hundebesitzer sind sich von Anfang an darüber im Klaren, ob sie zu einem späteren Zeitpunkt nicht auch einmal mit ihrem Vierbeiner in den ZOS®-Sport wechseln und damit auch an Wettkämpfen teilnehmen wollen.
Im ZOS®-Wettkampf muss der Vierbeiner früher oder später in der Lage sein, mindestens drei verschiedene ZOS®-Gegenstände (in der Materialzusammensetzung) zu suchen, zu finden und auch anzuzeigen.
Genau deshalb ist es sinnvoll, schon zu einem frühen Zeitpunkt mit drei verschiedenen ZOS®-Gegenständen (Beispiel: Holz, Leder, Gummi) zu trainieren. Ansonsten kann es Probleme geben, wenn man irgendwann später beispielsweise zu der Holzwäscheklammer noch eine kleine Lederschnalle und ein Gummibändchen in das ZOS®-Training einbauen möchte. Die besondere Vorliebe für die von Anfang an und dann auch einseitig trainierte Holzwäscheklammer kann dazu führen, dass der Vierbeiner die Anzeige der neu hinzugekommenen ZOS®-Gegenstände vernachlässigt. Genau deshalb sollten drei im Material unterschiedliche ZOS®-Gegenstände wechselseitig im Training eingesetzt werden.

Allerdings muss dabei Folgendes beachtet werden: Bevor ein zweiter oder dritter ZOS®-Gegenstand ins Training eingebaut wird, sollte der erste ZOS®-Gegenstand (Beispiel: Holzwäscheklammer) auch schon ein paar Mal so versteckt worden sein, dass der Hund ihn nicht sehen kann und somit mit der Nase suchen muss. So kann er schnell lernen, dass sich die ZOS®-Gegenstände auch geruchlich voneinander unterscheiden.

☞ *In diesem Zusammenhang hatten wir bereits darauf hingewiesen, dass im Material unterschiedliche ZOS®-Gegenstände keinesfalls zusammen gelagert werden dürfen. Jeder einzelne ZOS®-Gegenstand hat dabei sein eigenes, materialgleiches Aufbewahrungsbehältnis.*

DER LEER-KLICK

Bei fast allen Hunden zeichnen sich beim Anklicken innerhalb weniger Übungseinheiten recht schnell die ersten Erfolge ab. Nun bitte nicht zu lange mit den Auflöse-Klicks üben, denn sonst lernt der Hund, dass nach dem Klick sein Anzeigeverhalten unterbrochen werden kann. Wir wollen aber später einen Vierbeiner haben, der möglichst lange, ruhig und vor allem konzentriert am ZOS®-Gegenstand anzeigt. Genau deshalb müssen wir einen Übergang vom auflösenden (Verhalten abbrechen) in den verstärkenden (Verhaltens beibehalten) Klick erreichen.
Diesen Übergang erreichen wir mit dem Leer-Klick. Dazu ein Beispiel: Wir befinden uns mit dem Hund im Basistraining und haben die bereits bekannte Dreiecksposition eingenommen.
Nach dem Start-Hörzeichen berührt die Hundenase den ZOS®-Gegenstand: Berührung – Auflöse-Klick – Leckerli. Das Ganze 2- bis 3-mal wiederholen und dann: Berührung – Leer-Klick – kein Leckerli! Die meisten Hunde sind jetzt etwas irritiert und berühren

MARKER-TRAINING

Viele Hundetrainer nennen übrigens diese Art des Trainings (Klick als Handlungsverstärker) auch Marker-Training. Wenn Sie das Marker-Training aus anderen Konditionierungsübungen schon kennen sollten, dann stellen Sie schnell fest, dass die Anzeige von ZOS®-Gegenständen genau solch ein Marker-Training ist.

den ZOS®-Gegenstand noch einmal und dann: Berührung – Auflöse-Klick – Leckerli. Der Leer-Klick hat dem Hund signalisiert, dass es zwar nach dem Klick kein Leckerli gibt, aber nach nochmaligem Berühren eben doch! Das bedeutet, dass innerhalb weiterer Leer-Klick-Übungen die Irritationen weichen. Da wir nun schleichend immer mehr Leer-Klicks in die Übungen einbauen, brechen die Vierbeiner ihre Arbeit nicht einfach ab, sondern bleiben zunehmend mit der Hundenase am ZOS®-Gegenstand. Und damit sind wir fast schon beim Einsatz des Verstärker-Klicks. Fast heißt, es fehlt jetzt noch eine allerletzte Änderung innerhalb der Übungen: Berührung – Leer-Klick – Berührung – kurz warten – und dann füttern. Der Auflöse-Klick ist quasi verschwunden. Aus dem Leer-Klick wird nun der wichtige Verstärker-Klick.
Wer dieses Übungssystem zum ersten Mal kennenlernt, hält es noch für kompliziert. Einige wenige Male ausprobiert und das System erscheint völlig einfach. Mit etwas Routine ist es spielend leicht, aus einem Auflöse-Klick einen Verstärker-Klick zu konstruieren.
Die meisten Vierbeiner lernen den Übergang vom Auflöse- in den Verstärker-Klick schnell und problemlos. Sollte sich aber der eine oder andere Hund mit dem „Umdenken“ etwas schwertun, dann einfach wieder ein bis zwei Schritte zurück in den Auflöse-Klick und den Übergang mit dem Leer-Klick zum Verstärker-Klick erneut anbieten. Das alles liest sich übrigens etwas komplizierter, als es in der Trainingspraxis der ZOS® dann tatsächlich ist.

DIE ANZEIGE (BODENARBEIT)

Sobald unser ZOS®-Start in ablenkungsfreier Umgebung gut geklappt hat, gehen wir innerhalb der weiteren Übungen einfach mit beiden Händen – und damit auch mit dem ZOS®-Gegenstand – immer häufiger und dabei schleichend in Bodennähe.

Nach kurzer Übungszeit kommt es schon zu einem Kontakt zwischen ZOS®-Gegenstand und Fußboden. Es spielt sich somit alles nur noch am Boden ab, und durch die vielen Übungswiederholungen wird der Hund in seinem Anzeigeverhalten am ZOS®-Gegenstand auch immer sicherer. Noch bleibt aber die Hand des Zweibeiners am ZOS®-Gegenstand.

Zu diesem Übungszeitpunkt wird es auch kaum noch nötig sein, den Hund anzubinden oder an der Leine festhalten zu lassen. Da wir uns ohnehin mit dem ZOS®-Gegenstand jetzt schon ganz unten (auf dem Boden) befinden, bauen wir – ganz nebenbei – die Platz-Position in der Anzeige mit ein. Die Platzanzeige wurde ja bereits ausführlich beschrieben (siehe S. 41 f.).

Nach dieser Beschreibung bringen wir jetzt den Vierbeiner zur Optimierung seines Anzeigeverhaltens in die Platz-Position. Dabei werden die Übungen so lange wiederholt, bis unser Vierbeiner sich durch seine Eigeninitiative am ZOS®-Gegenstand hinlegt. Er benötigt somit für die Platzanzeige unsere Hilfe nicht mehr. Bei Hunden, die generell

01 Der Gegenstand wird noch mit dem Finger abgesichert.

02 Während des Fütterns den Finger wegnehmen.

etwas gehemmt beziehungsweise zurückhaltend agieren, kann die Anzeige in der Platzposition auch noch etwas später erfolgen. Sie ist an dieser Stelle noch nicht zwingend notwendig, aber bei besonders aktiven und temperamentvollen Hunden zumindest empfehlenswert. Nun folgt der nächste Schritt in der sogenannten Bodenarbeit.

HAND VOM ZOS®-GEGENSTAND TRENNEN

Wir kommen irgendwann nicht umhin, den ZOS®-Gegenstand nach und nach aus der Umklammerung unserer Hand zu befreien. Schließlich soll ja unser ZOS®-Lehrling möglichst früh begreifen, dass die Hand des Zweibeiners im Grunde genommen überhaupt nichts mit dem ZOS®-Gegenstand zu tun hat.
Dazu gehen wir wie folgt vor: Während einer unserer ZOS®-Übungen befinden sich beide Hände auf dem Boden. In der einen Hand sind Klicker und Futter und in der anderen Hand der ZOS®-Gegenstand. Der Vierbeiner befindet sich in der bekannten Ausgangsposition vor seinem Zweibeiner. Bereits vor dem Einsatz des Start-Hörzeichens nimmt der Zweibeiner seine Hand, die bislang immer den ZOS®-Gegenstand gehalten hatte, für ein bis zwei Zentimeter vom ZOS®-Gegenstand weg. Nachdem die Übung mit der Freigabe mittels Start-Hörzeichen begonnen hat, wird der Vierbeiner – sofern bis dahin alles richtig gemacht wurde – an den ZOS®-Gegenstand gehen und diesen in der Platz-Position anzeigen. Auch wenn die Hand des Zweibeiners nicht mehr unmittelbar mit dem ZOS®-Gegenstand verbunden ist.
Sofort legt der Zweibeiner seine Futterhand auf den Gegenstand und öffnet sie etwas, damit der Hund daraus fressen kann. Dann wird die Futterhand wieder geschlossen und zurück in die Ausgangsposition gebracht. Unser Vierbeiner wird sich nun weiter um ein korrektes Anzeigeverhalten bemühen, denn nur dann ist ihm ja die Futterbelohnung gewiss. Zahlreiche Wiederholungsübungen festigen dann den Lernerfolg.

03 Erstmalige Anzeige am freiliegenden Gegenstand, ohne Festhalten.

01

01 ZOS® mit dem Welpen.

02 Erste Berührung mit der Nase.

03 Sofort folgt die Futterbelohnung.

04 Für den Welpen einfacher: Die Futterhand und die Gegenstandshand „wandern" beim Fressen nach unten.

05 Jetzt wird der Gegenstand wieder zum Berühren freigegeben.

06 Berührt der Welpe ihn, sofort füttern.

07 Nach dem Füttern wird mit dem Welpen mehrmals am freiliegenden Gegenstand trainiert.

08 Kennt der Welpe die Position Platz, kann diese motivierend eingefordert werden.

09 Gefüttert wird am Gegenstand.

10 Bitte verlangen Sie noch keine Perfektion von Ihrem Welpen.

02

03

04

05

06

07

08

09

10

FEHLERQUELLEN

Selbstverständlich können auch in diesem neuen Übungsabschnitt Aufbaufehler passieren. Beispiele:

Der Vierbeiner berührt nicht den ZOS®-Gegenstand, sondern immer wieder die Hand des Zweibeiners.

In diesem Fall wurde meist bereits im ersten ZOS®-Training beim Anklicken übersehen, dass der Hund nicht den ZOS®-Gegenstand, sondern die Hand oder einen Finger der Hand berührt hatte. In diesem Fall müssen die Anklick-Übungen komplett neu aufgebaut werden. Der Vierbeiner weiß nämlich noch gar nicht, worum es genau geht.

Der Hund interessiert sich nur für die Futterhand und kümmert sich nicht um den ZOS®-Gegenstand.

Hier liegt die häufigste Ursache darin, dass der ZOS®-Gegenstand zu weit entfernt von der Futterhand liegt oder aus anderen Gründen von ihm nicht wahrgenommen (gesehen) werden kann. So kann beispielsweise das Knie oder die Fußspitze des Zweibeiners für den Hund die freie Sicht zum ZOS®-Gegenstand unbeabsichtigt verhindern. Ein Problem, das sich aber sicher schnell lösen lassen dürfte. Der Vierbeiner muss zu diesem Übungszeitpunkt stets freie Sicht zum ZOS®-Gegenstand haben können. Nur so kann dieser Aufbaufehler verhindert werden.

Für den Anfänger kaum zu leisten – der Gegenstand ist viel zu weit weg.

Der Hund zeigt zwar wunschgemäß an, beginnt dann aber immer intensiver, den Boden am ZOS®-Gegenstand abzuschnüffeln.

Dieses Verhalten resultiert fast immer aus einem „unsauberen" Füttern des Hundes bei der Belohnung. Wenn nämlich beim Füttern ständig irgendwelche Futterkrümel auf den Boden kullern, dann stellt dies einen enormen Ablenkungsfaktor dar.
Deshalb unbedingt darauf achten, dass der ZOS®-Lehrling keine heruntergefallenen Leckerlis mehr findet. Ändern Sie zunächst die Örtlichkeit, sodass es keine von der Anzeige ablenkenden Futtergerüche mehr auf dem Boden geben kann. Jetzt auch gerne wieder einen Übungsschritt zurückgehen und nochmals mit den Übungen etwas über der Bodenhöhe neu beginnen.

Der Hund zeigt mit fortschreitender Übungsdauer den ZOS®-Gegenstand immer ungenauer an. Er zeigt sich immer weniger „gegenstandstreu".

Eine ungenaue Anzeige erkennt man meistens daran, dass sich die Hundenase während der Anzeige nicht exakt am, sondern irgendwo etwas entfernter, seitlich, vor oder gar hinter dem ZOS®-Gegenstand befindet.
Das passiert vor allem dann, wenn der Zweibeiner bereits im Übungsaufbau die Futterbelohnung nicht direkt am ZOS®-Gegenstand, sondern irgendwo neben dem ZOS®-Gegenstand anbietet. Die unmittelbare Verbindung zwischen Futterbelohnung und ZOS®-Gegenstand ist somit nicht mehr gegeben. Dadurch kommt es häufig zu diesem nur halb richtigen Anzeigeverhalten.

Es ist sehr gut möglich, dass auch noch der eine oder andere weitere Fehler innerhalb des ZOS®-Aufbaus passiert. In jedem Fall gilt es dann zwei wichtige Grundregeln zu beachten:

- Zum einen liegt die Fehlerquelle in den allermeisten Fällen beim ZOS®-Lehrer und nicht beim ZOS®-Lehrling. Deshalb muss auch der Zweibeiner die Ursachen in einem fehlerbehafteten Übungsaufbau bei sich selbst suchen.
- Zum anderen ist, sollten sich Fehler einschleichen, überhaupt nichts verloren. Einfach wieder an den Punkt der Ausbildung zurückgehen, an dem noch alles geklappt hat, und von dort aus neu – und diesmal fehlerfrei – beginnen. Sollte auch dieser Versuch fehlschlagen, kann es gut sein, dass eine generelle Überforderung des Vierbeiners in Sachen ZOS® vorliegt. In solch einem Fall kann meist ein ZOS®-Trainer weiterhelfen.

01 Hier ist Futter auf den Boden gefallen.

02 Das führt zu falschem Lernen.

01 Das Legespiel in Bildern.

02 Während der Fütterung am Gegenstand...

DAS „LEGESPIEL"

Wenn die ZOS®-Übungen auf dem Boden gut und damit weitgehend zuverlässig funktionieren, beginnen wir mit dem sogenannten Legespiel. Das funktioniert wie folgt: Der Hund berührt den auf dem Boden liegenden ZOS®-Gegenstand, bekommt dafür seinen Klick und die geschlossene Futterhand wird auf den ZOS®-Gegenstand gelegt. Die Futterhand öffnet sich etwas und der Vierbeiner erhält beim Fressen verbales Lob. Während (!) des Lobs wird mit der Gegenstandshand der ZOS®-Gegenstand langsam unter der Futterhand hindurch, einige Zentimeter neben diese hingelegt und freigegeben.

Sobald der ZOS®-Gegenstand liegt, wird die Futterhand wieder geschlossen und der Vierbeiner muss sich neu orientieren. Da die neue Position des abgelegten ZOS®-Gegenstandes im Blickfeld des Hundes ist, wird er mit der Nase zum ZOS®-Gegenstand rutschen, um diesen erneut zu berühren. Es folgt wieder eine Bestätigung inklusive Belohnung und anschließend folgen zahlreiche weitere Wiederholungen, bis auch hier die zu erwartende Zuverlässigkeit eingetreten ist.

Erst dann folgt ein weiterer Lernschritt: Die Annäherung des ZOS®-Gegenstandes an eine erste Versteckmöglichkeit.

VERSTECK AUFBAUEN

Bei dem jetzt schon funktionierenden Legespiel wird – für den Vierbeiner nicht durchschaubar – der ZOS®-Gegenstand bewusst und damit gezielt immer näher an einen größeren Stein (Beispielversteck) herangelegt. Irgendwann liegt der ZOS®-Gegenstand dabei ganz dicht an der Steinkante.

Da das Anzeigeverhalten am offen liegenden ZOS®-Gegenstand schon gut funktioniert, wird bei einer der nachfolgenden Übungen der Stein leicht angehoben und der ZOS®-Gegenstand (Beispiel: Holzwäscheklammer) in etwa zur Hälfte unter den Stein gelegt. Die andere Hälfte ist noch immer für den Hund sichtbar.

Auch jetzt wird das Legespiel fortgeführt, nur mit dem Unterschied, dass der ZOS®-Gegenstand nach und nach immer mehr unter dem Stein und damit unter dem ersten Versteck „verschwindet".

Der Teil des ZOS®-Gegenstandes, der noch unter dem Stein herausragt, wird somit ständig kleiner.

Irgendwann ist dann der Zeitpunkt erreicht, an dem der ZOS®-Gegenstand für den Hund nicht mehr zu sehen ist.

Die allermeisten Vierbeiner fangen nun recht schnell an, zur Suche des ZOS®-Gegenstandes ihre Nase einzusetzen. Sie schnüffeln somit

03 ... wird dieser seitlich verschoben.

04 Nach dem Schließen der Futterhand ...

die Steinkante so lange ab, bis sie die Geruchsquelle erkennen. Damit beginnt schon die erste Suche nach dem versteckten ZOS®-Gegenstand.

Sollte ein ZOS®-Lehrling scheinbar verzweifelt seinen ZOS®-Gegenstand weiterhin mit den Augen suchen und die Nase nicht einsetzen, wurde in den meisten Fällen der Übergang vom offen liegenden in den versteckt liegenden ZOS®-Gegenstand zu schnell durchgeführt. In solchen Fällen bitte einfach wieder einen Ausbildungsschritt zurückgehen und den ZOS®-Gegenstand eben noch etwas länger „teiloffen" präsentieren.

05 ... erfolgt ein weiteres Berühren und danach wieder die Belohnung.

01

02

03

04

05

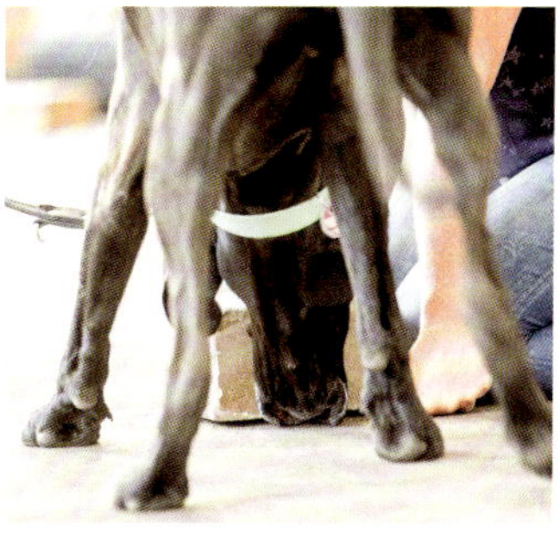

06

07

08

01 Das Legespiel am Trümmerstück.

02 Die erste Bestätigung folgt.

03 Es folgen zunächst weitere Berührungen mit Bestätigungen.

04 Während des Fütterns am ursprünglichen Liegeort wird der Gegenstand „heimlich“ etwas verschoben.

05 Hier wird der Gegenstand schon um die Ecke gelegt. Die Futterhand wird geschlossen, damit der Hund zur Weitersuche motiviert wird.

06 Da der Gegenstand jetzt weiter entfernt liegt, muss der Vierbeiner zur Weitersuche aufstehen.

07 Gefunden! Hingelegt! Angezeigt!

08 Es folgt die Futterbelohnung.

Langsam kommt die Zeit, den Suchbereich zu vergrößern und damit auch die Attraktivität.

VERSTECK AUSWEITEN

Sobald die ersten Sucherfolge über die Hundenase zu verzeichnen sind, muss der Suchbereich langsam erweitert beziehungsweise ausgedehnt werden. Aus einem Stein werden somit zwei Steine, drei, vier ... und zu den Steinen „gesellen" sich zunehmend Kisten, Koffer, schwerere Holzklötze, Gummimatten und was der Haushalt, der Dachboden oder der Keller sonst noch alles an Versteckmöglichkeiten hergeben sollten.
Irgendwann wird so das erste „Trümmerfeld" entstehen, das dem Vierbeiner zahlreiche Suchvarianten unterschiedlichster Gestaltung ermöglicht.

KRATZEN UND BEISSEN UNERWÜNSCHT

Vereinzelt neigen ZOS®-Lehrlinge dazu, mit ihren Pfoten den ZOS®-Gegenstand freizulegen (Kratzen) oder die Verstecke mit ihren Zähnen zu beseitigen (Beißen). Um diesem unerwünschten Verhalten effektiv zu begegnen, kann sich jeder Zweibeiner auf eine von zwei Möglichkeiten der Abhilfe konzentrieren. Zum einen kann der ZOS®-Gegenstand so sicher versteckt werden, dass nach dem Lehrprinzip „Versuch und Irrtum" vorgegangen wird. Das bedeutet, der Hund kann kratzen oder beißen wie er möchte, kommt aber damit nicht zum Erfolg (keine Belohnung). Stellt er daraufhin die Aktivitäten ein und zeigt in erwünschter Weise an, wird er belohnt. Zum anderen kann das unerwünschte Verhalten erzieherisch unterbunden werden. Das Ganze geschieht dabei aversiv (reglementierend) und bedeutet letztlich nicht mehr als ein „Hör auf damit". Ein erzieherischer Zugriff, der über ein Hörzeichen (Beispiel: „Nein") oder durch eine angemessene körperliche Einwirkung erfolgen kann. Erfolgt die erzieherische Einwirkung nicht angemessen, wird im Ergebnis nicht nur der Lernerfolg auf der Strecke bleiben. ZOS® wird dann sogar bereits beim Startritual beim Vierbeiner Meideverhalten auslösen. Sollte der ZOS®-Gegenstand tatsächlich durch den Hund freigelegt werden, unbedingt wieder in die ursprüngliche Versteckposition bringen. Niemals den Vierbeiner am freigelegten ZOS®-Gegenstand bestätigen.

DIE SUCHE

Vielleicht haben Sie sich an dieser Stelle die Frage gestellt, wie lange es wohl dauert, bis ein Hund vom Anklicken zur selbstständigen Suche nach dem versteckten ZOS®-Gegenstand gelangt.

Die überraschende Antwort lautet: Sehr viele ZOS®-Lehrlinge benötigen vom Anklicken bis zur Suche nach dem überwiegend versteckten ZOS®-Gegenstand kaum länger als zwei bis drei Übungstage. Wobei an einem Übungstag bei insgesamt vier bis fünf Übungsdurchgängen à 10 Minuten die Gesamtübungszeit bei unter einer Stunde liegt.

AUSBAU DES VERSTÄRKER-KLICKS

Wer an dieser Stelle noch immer die Anzeige des Hundes mit dem Auflöse-Klick bestätigen sollte, muss spätestens jetzt an der Umwandlung in den bereits beschriebenen Verstärker-Klick arbeiten (siehe S. 34 ff.). Je länger man damit wartet, umso schwieriger wird es, ein ruhiges und konzentriertes Anzeigeverhalten zu erreichen.

Die erfolgreiche Suche nach dem versteckten ZOS®-Gegenstand gelingt von nun an nur noch über die Geruchswahrnehmung und damit über die Hundenase. Und sehr häufig beginnen jetzt Zwei- und Vierbeiner eine gemeinsame Leidenschaft zu entdecken, die beiden enormen viel Spaß bereitet, unglaublich viel Abwechslung beinhaltet und damit letztlich auch die Beziehung zwischen dem Hund und seinem Menschen optimieren wird.

Diese Leidenschaft wird genährt durch Erfolge und – hoffentlich nicht ausbleibend – auch Misserfolge. Viele Hundebesitzer denken immer, dass sich jede (!) erbrachte Leistung für ihren Vierbeiner auch lohnen müsse. Doch damit liegen sie falsch. Misserfolge können durchaus auch leistungsfördernd sein.

☞ *Ein Vierbeiner, der bei dem, was er tut, immer eine Bestätigung erhält, dem wird irgendwann auch langweilig.*

Misserfolge sollten gezielt und auch klug eingeplant werden. Damit kann Stress leistungsfördernd wirken.

Für professionelle Hundetrainier gilt diese Aussage sogar als „Gesetz". Lediglich in der allerersten Lernphase sollte Leistung immer (!) belohnt werden, damit es zu keinen Irritationen beim Vierbeiner kommt. Doch sobald ein Zustand erreicht wird, den wir Routine nennen, sind sporadische Misserfolge nicht leistungsmindernd, sondern sogar leistungsfördernd.
Diesen Umstand wollen und müssen wir in der Folge unbedingt berücksichtigen, damit der unbestreitbare Spaßfaktor von ZOS® nicht unnötig reduziert wird.
Leistungsmindernd in der ZOS®-Arbeit wirkt sich übrigens auch der Umstand aus, dass – versehentlich oder auch bewusst – beim Aufbau des ZOS®-Trainings Neues mit Neuem verbunden wird.
Eine Aufgabe, die viele Hunde aber nicht leisten können.

ZOS®-TRAININGSWEISHEIT

Neues nicht mit Neuem verbinden
Dazu ein Beispiel: Der ZOS®-Gegenstand wurde auf einem Betonboden unter einem schweren Stein versteckt. Der Vierbeiner sucht den ZOS®-Gegenstand, findet ihn und zeigt ihn über die Platz-Position an.
In einer später folgenden Übungssequenz wird auf einer Wiesenfläche trainiert und der ZOS®-Gegenstand liegt jetzt unter der Kante eines breiten Holzbrettes. Damit haben wir zwei (!) neue Elemente, die der Hund noch nicht kennt: der Wiesenboden und das Holzbrett. Im Einzelfall kann dieses Vorgehen im Training dazu führen, dass der Vierbeiner sowohl in der Suche als auch in der Anzeige Irritationen zeigt.
Nimmt man stattdessen den Stein, der auf dem Betonboden als Versteck des ZOS®-Gegenstandes gedient hatte, mit auf den Wiesenboden, beinhaltet das nächste Training nur eine (!) neue Komponente. Das macht es dem Hund in der Suche und in der Anzeige wesentlich einfacher. Erst wenn das Neue (Wiesenboden) als bekannte Komponente gelten kann, darf über das Hinzufügen eines neuen Elementes (Holzbrett) das ZOS®-Training weiter ausgebaut werden.
Jetzt, nachdem der Vierbeiner in der Lage ist, sogar seinen außer Sicht versteckten ZOS®-Gegenstand mit seiner Nase zu suchen und zu finden, beginnt der eigentliche Aufbau und damit auch die Optimierung der Suchleistung.

AUFBAU DER SUCHLEISTUNG

Begonnen werden die ersten kleineren Suchabschnitte mit dem uns bereits bekannten Startritual.

ZOS®-STARTDECKE SCHAFFT PLANUNGSSICHERHEIT

Als weiteres Element des Startrituals kommt jetzt die sogenannte Startdecke zum Einsatz. Dabei handelt es sich um eine kleine Decke, die unter dem Hund auf dem Boden liegt und ihm einen festen Anhaltspunkt zu seiner Startposition gibt.
Jede Suchfolge beginnt und endet künftig auf dieser Startdecke. Wie uns die vergangenen Jahre gezeigt haben, ist die ZOS®-Startdecke im Training und bei sportlichen Wettkämpfen ein enorm effektives Ritual in vielerlei Hinsicht.
Hunde sind auf der Startdecke ruhiger, aber auch fokussierter. Sie neigen deutlich weniger zum Wälzen, Robben oder Aufstehen als ohne Startdecke. Durch die Startdecke erhalten sie einen eindeutig markierten Punkt, der ihnen die Sicherheit und Gewissheit gibt, dass es in Kürze zur Suche nach dem ZOS®-Gegenstand gehen wird.
Die ZOS®-Startdecke soll künftiger Begleiter im ZOS®-Training, im ZOS®-Alltag und auf ZOS®-Wettkämpfen werden.
Eine kleine, handelsübliche Hundedecke eignet sich sehr gut. Sie ist leicht und nach einem Zusammenlegen auch einfach zu transportieren.

EINE EINFACHE, ERSTE SUCHLAGE

Die Bildserie auf der nachfolgenden Seite erläutert den Ablauf einer ersten, noch recht einfachen Suchlage im ZOS®-Training.

Jetzt wissen wir ja alle, dass jeder gesunde Hund über eine aus unserer Sicht ganz besondere Stärke verfügt: das Suchvermögen!

Kaum vorstellbar, was Hunde mit ihrer Nase alles leisten können. Selbst für uns nicht mehr sichtbare, mikroskopisch kleine Partikel kann ein Vierbeiner erfolgreich suchen und anzeigen. Die Spürhunde der Polizei beispielsweise können nach entsprechender Ausbildung kleinste Blutanhaftungen an Kleidungsstücken sogar dann noch finden, wenn die Kleidung in der Waschmaschine gewaschen wurde. Viele weitere Beispiele belegen immer und immer wieder, dass Hunde mit ihrer Nase fantastische Leistungen erbringen können.

So gesehen müssten wir uns eigentlich keinerlei Gedanken darüber machen, ausbilderisch auf die Suchleistung eines ZOS®-Hundes einzuwirken. Das können Hunde sowieso, wozu dann noch ausbilden? Nun, die Sache hat doch noch einen Haken. Zu einer erfolgreichen Suchleistung in der ZOS® gehört nämlich nicht nur das Inhalieren und Bewerten von Gerüchen mit der Nase, sondern noch eine ganze Menge mehr.

Würde man die Suchleistung eines Hundes nicht ausbilderisch formen, würden wichtige Elemente des Sucherfolges fehlen. Denn der Einsatz eines derart wertvollen „Werkzeuges“ ist im Erfolg abhängig von einem stimmigen System, von geschickter Koordination, anhaltender Konzentration und Beharrlichkeit, kluger Strategie und auch gewollter Kooperation (mit dem Menschen).

☞ *Die Fähigkeit zu suchen, ist bereits im Erbgut des Hundes verankert, die Art und Weise jedoch, muss erst erlernt werden.*

Die ZOS®-Startdecke als Ritual schafft Planungssicherheit.

01

02

03

04

05

06

07

08

09

01 Eine weitere, einfache Suchlage.

02 Der Suchbereich wird durch Begehen des Trümmerfeldes angetäuscht und eingegrenzt.

03 Spannungsgeladene Rückkehr

04 Suchbeginn mit stimmlicher/ körpersprachlicher Motivation.

05 Förderung der Selbstständigkeit durch zeitweilige Reduzierung der sozialen Unterstützung.

06 Orientierungshilfe für den Hund durch Begehen des Trümmerfeldes.

07 Der Vierbeiner wird fündig; er lokalisiert den Gegenstand.

08 Es folgt die Anzeige.

09 Nach dem Verstärker-Klick folgt der Auflöse-Klick zum Füttern am Versteck.

Das bedeutet, der erfolgreiche Einsatz der Hundenase ist nicht nur eine Sache der Physiologie, sondern auch der Psychologie. Hat ein Hund noch nicht gelernt, mit seiner Nase richtig umzugehen, wird er häufig hektisch, oberflächlich oder plan- und strategielos wirken.

Dadurch bleiben nicht nur die erhofften Erfolge aus, auch Lust und Leidenschaft können dabei sehr schnell verloren gehen.

Es muss dem Mensch gelingen, motivierend auf die Psyche des Hundes Einfluss zu nehmen, damit dieser all die Dinge lernt, mit denen er nicht auf die Welt gekommen ist. Die Suche soll möglichst zeit- und energiesparend erfolgen, ein strategisches Vorgehen innerhalb der Suche soll der Vierbeiner dabei genauso lernen wie geschickte Koordination (geistig/körperlich), Beharrlichkeit und Kooperationsfähigkeit mit seinem Menschen.

☞ *„Wer etwas verkaufen will, wird immer Erfolg haben, er muss es nur richtig anbieten können. Dann verkauft er Speiseeis in der Antarktis und Bratwürste in der Sahara."*

Diesen und viele weitere Slogans hört man immer wieder in diversen Schulungsseminaren für Verkäufer oder auch Vertreter. Ganz gleich, wie man zu derartigen Äußerungen auch stehen mag, ein wahrer Kern ist darin zu finden. Es gibt nämlich Menschen, die unglaublich motivations- und begeisterungsfähig agieren. Sie haben sogar die Gabe, andere Menschen mit ihren Ideen mitzureißen, obwohl diese im Vorfeld eine völlig gegenteilige Meinung hatten.

Und genauso gibt es auch Menschen, die sich sehr schwertun, positive Stimmungen bei anderen Menschen zu erwecken, obwohl diese im Vorfeld schon gleicher Meinung waren. Genau dieser Umstand ist dann auch das Problem vieler Hundehalter ihren Vierbeinern gegenüber. Ein Hund, der ZOS® noch nicht kennt und dafür begeistert werden soll, muss emotional sehr positiv erreicht werden. Somit trägt der Zweibeiner erheblich dazu bei, das Leistungsvermögen seines Vierbeiners in erfolgreiche Bahnen zu lenken. Zwei grundlegende soziale Möglichkeiten stehen ihm dabei zur Verfügung:

— Einflussnahme durch die Körpersprache und
— Einflussnahme durch die Lautsprache.

Wie wir wissen, bezieht sich das soziale Lernen bei Hunden in Bezug auf ihre Menschen auf die körpersprachliche und auf die lautsprachliche Kommunikation.

Ganz gleich ob Erziehung oder Ausbildung, ein Hundehalter hat enorme Möglichkeiten, sich gestalterisch durch Körper und Stimme einzubringen.

DOSIS UND TIMING IN DER SOZIALEN MOTIVATION

An dieser Stelle lassen wir einfach mal gedanklich alle Hilfsmittel beiseite und denken nicht an Klicker oder Futterbelohnung.

Es geht nun ausschließlich um soziale Motivation durch Laut- und Körpersprache. Sehr viele Menschen, die mit Hunden zusammenleben, haben enorme Schwierigkeiten, die richtige Dosis an sozial motivierender Unterstützung zu finden.

Das bedeutet schlicht: Viele motivieren zu viel und wieder viele andere motivieren zu wenig. Warum das so ist, lässt sich leicht erklären. Die Dosis einer sozial unterstützenden Motivation muss sich stets an der individuellen „Persönlichkeit" des Hundes orientieren. Wir dürfen nicht erwarten, dass sich der Hund an unserer vorgegebenen Dosis orientiert, sondern müssen gegenteilig die Dosis an den Bedürfnissen und Fähigkeiten des Vierbeiners orientieren. So muss ein generell aktiver und voller Tatendrang steckender Hund, ein „Energiebündel", anders motiviert werden als die sogenannte „Schlafmütze". Das gilt vorallem im ZOS®-Training. Die nachfolgende Darstellung verdeutlicht, wie das gemeint ist:

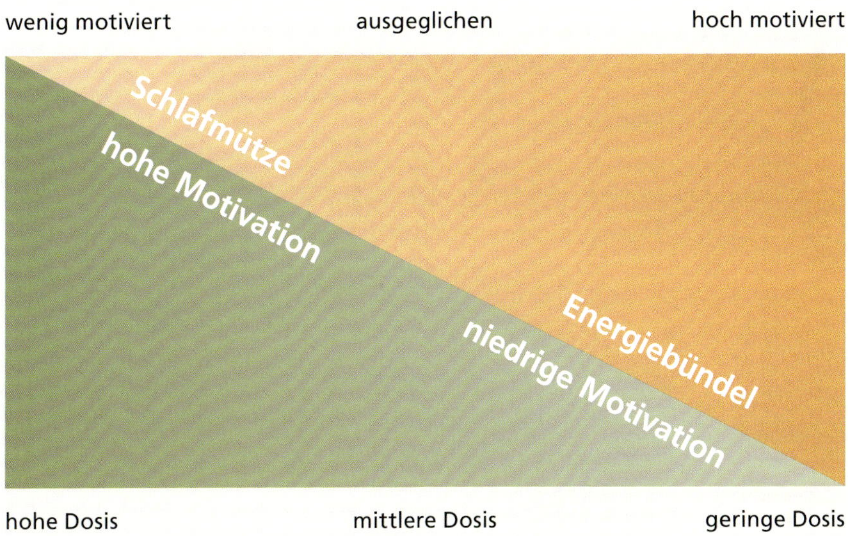

Je mehr Lust ein Hund hat, umso weniger muss er motiviert werden – und umgekehrt.

Es wird immer problematisch, wenn ein träger Hund sozial nur wenig motiviert wird. Er wird schnell die Lust an ZOS® verlieren, ihm wird langweilig werden. Wenn aber ein hoch motivierter Hund mit einer hohen Dosis sozialer Motivation begleitet wird, sind ebenfalls Probleme absehbar. Er wird schnell überdreht und hektisch werden, was mittel- und langfristig den Spaßfaktor für Mensch und Hund ebenfalls reduziert. Aber auch ein grundlegend ausgeglichener Hund wird bei einer zu geringen sozialen Motivation früher oder später von Langeweile erfasst werden.
Wem es gelingen kann, die optimale und damit auf den Hund abgestimmte Dosis an sozialer Motivation in das ZOS®-Training einfließen zu lassen, der beschreitet sicher den „Königsweg".
Optimal motivierte Hunde haben unglaublich viel Freude an ZOS® und damit verbunden auch eine Erhöhung der Lebensqualität.
ZOS® ist eine beziehungsfördernde Team-Arbeit! Obwohl das letztendliche Ziel die selbstständige Suche und auch die selbstständige Anzeige des Hundes am ZOS®-Gegenstand sein sollte, muss der Weg zu diesem Ziel durch den Zweibeiner optimal begleitet werden. Nimmt der Zweibeiner während dem Suchtraining eine untätige „Statistenrolle" ein, wird er irgendwann im wahrsten Sinne des Wortes „auf der Stelle treten" und das erwünschte Ziel nicht erreichen. Hund und Hundeführer müssen früh lernen, als Team zu funktionieren. Nur so kann den meisten vierbeinigen ZOS®-Lehrlingen ein optimales und erfolgversprechendes Suchsystem vermittelt werden. So suchen – beispielsweise im Trümmerfeld – sehr viele Vierbeiner ganz bestimmte Bereiche mehrfach ab, weil sie, aus welchen Gründen auch immer, besonders attraktiv erscheinen. Andere Versteckmöglichkeiten im Trümmerfeld, die nicht so attraktiv erscheinen, werden stattdessen überhaupt nicht abgesucht.

☞ *In einem guten Suchsystem soll Schritt für Schritt jede einzelne Versteckmöglichkeit vom Vierbeiner geprüft werden.*

Einige wenige ZOS®-Lehrlinge sind tatsächlich derart talentiert, dass sie optimale Suchsysteme im Alleingang entwickeln. Die meisten Hunde schaffen das allerdings nicht, und deshalb sollte hier der Mensch beim Erlernen der besten Suchstrategie unterstützen.

01

ANFANGS NICHT OHNE FÜHRLEINE

Der Aufbau der Suchleistung sollte anfangs mit einer Führleine erfolgen. Diese Führleine ist dünn, leicht, zirka zwei Meter lang und darf keine Schlaufe am Ende haben. Die Führleine wird locker in der Hand gehalten und soll ausschließlich für sanfte Korrekturen eingesetzt werden. Eine sanfte Korrektur erfolgt dann, wenn sich der Hund zu weit aus dem Suchgebiet herausbewegt. Oder der Vierbeiner sucht bereits zum wiederholten Mal ein nicht relevantes Versteck ab. Auch dann wird er sanft zum Weitergehen beziehungsweise zum Weitersuchen über diese Führleine koordiniert. Viele Hunde rennen anfangs auch in das Trümmerfeld und überlaufen dadurch schon die ersten Versteckmöglichkeiten. Die Führleine gibt quasi, gesteuert durch den begleitenden Zweibeiner, die Suchrichtung und auch immer ein klein wenig die Suchstrategie vor. Ziel ist es, dem Vierbeiner das für ihn optimalste Suchsystem zu vermitteln.

02

03

04

05

06

07

Nach zahlreichen Trainingswiederholungen wird sich ein gewisser Suchautomatismus entwickeln und die Führleine kommt mit zunehmender Routine des ZOS®-Lehrlings auch immer seltener zum Einsatz.
Bei Korrekturen mit der Führleine darf aber nie vergessen werden, dem Hund bereits im Vorfeld ausreichende Erfolge in den vermeintlich vernachlässigten Suchbereichen zu geben. Muss hingegen ohne Führleine korrigierend eingewirkt werden, geht das ja nur durch Hörzeichen oder auch körpersprachliche Einwirkungen. Das lenkt allerdings den Hund weit mehr ab als sanfte Korrekturen über die Führleine.
Übrigens ist es selbst bei Wettkämpfen im ZOS®-Sport erlaubt (nicht vorgeschrieben), in der Trümmer- und in der Päckchensuche die Führleine in der Hand zu halten. Hier zeigt sich dann sehr schnell, wie gut oder wie weniger gut ein Zweibeiner die Führleine im Training bislang eingesetzt hatte.
Beschäftigen wir uns an dieser Stelle einmal mit den Besonderheiten der motivierenden Körpersprache des Menschen im ZOS®-Training.

01 *Einsatz der Führleine: Zunächst beginnt der Hund die gründliche Suche im vorderen Suchabschnitt des ZOS®-Trümmerfeldes.*

02 *Dann versucht er jedoch drangvoll und stürmisch in den hinteren Suchbereich zu wechseln. Die Führleine bremst ihn dabei sanft aus, worauf er seine Strategie ändert.*

03 *Nun sucht er wieder vorne weiter.*

04 *Ist der vordere Suchbereich abgesucht, kann er in den hinteren Bereich wechseln.*

05 *Der Gegenstand wird am Versteck lokalisiert…*

06 *… und durch Platz angezeigt. Vorsicht bei der Annäherung. Hebt der Vierbeiner beim Näherkommen den Kopf, bleibt man ruhig stehen und geht erst dann weiter, wenn die Nase wieder an der Geruchsquelle ist.*

07 *Geschafft! Die Belohnung kann folgen.*

KÖRPERSPRACHE

Die Körpersprache des Menschen wird richtigerweise in vier Elemente eingeteilt: Haltung, Gestik, Mimik und Distanzzonen. Während der Suche nach dem ZOS®-Gegenstand sind drei von diesen vier Elementen besonders bedeutend.

Während beim ZOS®-Start die (motivierende) Mimik eine wichtige Rolle spielt, sind in der Suche nach dem Gegenstand die Körperhaltung, die Gestik und auch die Distanzzonen von besonderer Bedeutung.

Die Mimik des Zweibeiners ist während der Suche deshalb unbedeutend, weil Blickkontakte während der Sucharbeit sehr schnell hinfällig werden sollen. Wir haben ja von Anfang an die Zielstellung, dass wir dem Vierbeiner die selbstständige Suche nach dem ZOS®-Gegenstand vermitteln wollen. Eine motivierende Unterstützung durch die Mimik würde sich definitiv ablenkend auf die Suchleistung des Hundes auswirken.

KÖRPERHALTUNG WÄHREND DER SUCHE

Es gibt, bezogen auf die Körperhaltung, eine Unterteilung in zwei Bereiche: die Präsenz und – gegenteilig – die Absenz.

— Die präsente Körperhaltung ist vergleichsweise frontal und aufrecht bis leicht nach vorne gebeugt.
— Die absente Körperhaltung hingegen ist etwas vom Hund abgedreht, bei immer noch aufrechter aber sehr gelockerter Haltung.

Hunde haben ein weiteres Blickfeld als Menschen. Sie können somit auch beim vorwärtsorientierten Geradehalten des Kopfes Bereiche überblicken, die sich seitlich hinter ihnen befinden.

Jetzt muss jeder Zweibeiner wissen, dass er mit einer präsenten Körperhaltung seinen Hund sehr wohl motivieren, aber auch im Einzelfall irritieren kann. Somit ist es immer wichtig, den Einfluss der eigenen Körperhaltung auf den vierbeinigen Beziehungspartner schon vor dem ZOS®-Training einschätzen zu können.

Motivierende Körpersprache mit viel Präsenz während der Suche.

Wirkt die präsente Körperhaltung auf den Hund motivierend, indem er seine gerade gezeigten Handlungen konzentriert oder sogar intensiver fortführt, dann ist die präsente Körperhaltung sicher von Vorteil und sollte auch in die Suche einfließen können.
Wirkt sie hingegen irritierend oder gar belastend, dann muss die absente Körperhaltung den Vorzug erhalten.
Gut ausgebildete ZOS®-Trainer erkennen in der Regel recht schnell, in welcher Form die Körperhaltung des Menschen in ein möglichst effektives ZOS®-Training einfließen sollte. Ein möglicherweise unbedarfter Hundehalter kann an dieser Stelle durch unbewusste Fehler in der Motivation schon die ersten Pannen bei der Suche nach dem ZOS®-Gegenstand herbeiführen.
Aus den genannten Gründen ist eine pauschale Aussage zur optimalen Körperhaltung während der Suche kaum angebracht. Hier muss man sich an der Individualität des Vierbeiners orientieren.

GESTIK WÄHREND DER SUCHE

Körpersprachlich ist das Gestikulieren (Bewegen) mit den Gliedmaßen, insbesondere mit den Händen beziehungsweise mit den Armen, ein wichtiges Merkmal der Kommunikation. Auch das Nicken mit dem Kopf ist ein Merkmal, das der Gestik zugeschrieben wird.
Im ZOS®-Training kann grundsätzlich empfohlen werden, die Gestik bevorzugt reduziert und damit fein dosiert einzusetzen.
Sobald nämlich die Gestik übertrieben und damit zu schnell, zu hektisch oder zu raumgreifend erfolgt, wirkt sie auf den suchenden Hund meist ablenkend oder auch irritierend. Dazu zählt im weitesten Sinn auch die „Beinarbeit". Kurze schnelle Schritte beim anfänglichen Begleiten des Hundes in der Suche können den einen Hund motivieren, den anderen wiederum irritieren.
Langsame Schrittfolgen sind deshalb grundsätzlich empfehlenswerter, denn sie produzieren nicht gleich Langeweile, wenn gleichzeitig durch die Körperhaltung eine motivierende Spannung erzeugt werden kann. Sobald der Hund während der Suche nach dem ZOS®-Gegenstand den Blickkontakt zum Zweibeiner sucht, sollte dieser sowohl die präsente Körperhaltung als auch die Gestik einstellen. Bitte nicht ruckartig, sondern langsam ausschleichend. Der Blickkontakt darf auch keinesfalls erwidert werden, denn damit würde ja das Unterbrechen der Suche eine Belohnung erfahren.
Die Gestik des Zweibeiners kommt allerdings unbedingt dann zum Einsatz, wenn der Vierbeiner offensichtlich während der Suche nach seinem Gegenstand in Schwierigkeiten geraten sollte.
Nehmen wir beispielsweise an, der noch wenig routinierte ZOS®-Lehrling sucht immer und immer wieder von mehreren Versteckmöglichkeiten nur ganz bestimmte Verstecke ab, andere hingegen lässt er bei seiner Suche ganz einfach aus, da ihm offensichtlich noch ein Suchsystem fehlt.

Ruhigere und damit weniger motivierende Körperhaltung.

Falsche Körpersprache, denn der Hund „fragt" nach.

Ebenso falsch, da der Mensch den Hund aktiviert.

Dann ist es sinnvoll, noch während der Suche entspannt an den Vierbeiner heranzutreten und mit der Hand eine neue Suchrichtung aufzuzeigen. Diesen Vorgang bezeichnet man auch als „Führen". Die Hand „schwebt" dabei quasi einige Zentimeter vor der Hundenase entlang der abzusuchenden Verstecke und bewegt sich in die gewünschte Richtung. Die meisten Hunde lernen dabei innerhalb kürzester Zeit der Hand zu folgen, ohne dabei aber die Suche nach ihrem Gegenstand zu unterbrechen. Anfangs wird der Vierbeiner auf diese Weise auch wiederholt zum Erfolg geführt. Damit wächst schnell das Vertrauen des Hundes, der führenden Hand des Zweibeiners zu folgen. Doch Vorsicht! Ständiges Führen des Hundes bis an das Versteck des ZOS®-Gegenstandes über einen längeren Trainingszeitraum wäre nicht gut, denn dann wird das gewünschte selbstständige Suchen nicht gefördert, sondern sogar blockiert. Wer nach dem Motto „So viel wie nötig, so wenig wie möglich" verfährt, macht letztlich alles richtig.

BEACHTEN VON DISTANZZONEN WÄHREND DER SUCHE

Auch Distanzzonen zählen zu den Elementen der Körpersprache und ihnen sollte bei der Suche des Hundes eine hohe Bedeutung beigemessen werden. Grundsätzlich orientiert sich die körpersprachliche Distanz zwischen den Kommunikationspartnern Mensch und Hund am individuellen Beziehungsstatus untereinander.

— Es gibt Hunde, die eine Nähe des Beziehungspartners am liebsten in der sogenannten intimen Zone (bis 0,5 Meter Abstand) bevorzugen. Insbesondere unsichere Hunde können sich dadurch wohler beziehungsweise stabiler fühlen. Für andere Hunde kann aber das Eindringen des Beziehungspartners in die intime Zone auch purer Stress bedeuten. Insbesondere dann, wenn sie den begleitenden Menschen als Konkurrenten bei der Suche empfinden. Sie werden dann schnell hektisch und unruhig, wenn sie die Nähe des Zweibeiners vernehmen.

— Beträgt der Abstand hingegen 0,5 Meter bis zirka 1,5 Meter, spricht man von der persönlichen Zone. Auch hier befindet sich der Zweibeiner noch relativ nahe am Vierbeiner.

— Von der sozialen Zone wird allgemein gesprochen, wenn der Abstand zwischen 1,5 Meter bis zirka 4 Meter beträgt.

— Bei einer größeren Distanz (mehr als zirka 4 Meter) spricht man von der öffentlichen Zone.

01

02

03

04

Die im ZOS®-Training wohl am häufigsten genutzte Distanzzone ist die soziale Zone (1,5 Meter bis zirka 4 Meter). In diesem Bereich kann ein ZOS®-Lehrling körper- und lautsprachlich noch gut koordiniert und gleichzeitig die Selbstständigkeit in der Suche gefördert werden. Wer während der Suche häufig zu dicht an seinem Hund steht, verringert die Möglichkeiten zu einer selbstständigen Suchleistung. Wer zu weit entfernt ist (öffentliche Zone), kann kaum noch effektiv Einfluss auf das strategische Vorgehen des Hundes nehmen.
Zusammenfassend kann gesagt werden, dass sich die Art und Weise einer Einflussnahme durch die Körpersprache in erster Linie an der individuellen „Persönlichkeit" des jeweils suchenden Hundes orientieren muss. In jedem Fall müssen Trainingsfehler, wie ein „zu dicht" oder „zu weit entfernt", im Training verhindert werden.

01 *Richtig! Mensch ignoriert den passiven Hund.*

02 *Wird der Hund aktiv, dann wird auch der Mensch aktiv.*

03 *„Führhilfen" werden nur gegeben, wenn der Hund gerade sucht.*

04 *Geschafft! Jetzt bitte die Belohnung geben.*

01

02

03

04

05

01 ZOS®-Führtraining an einer langen und geraden Brettleiste.

02 Der ZOS®-Gegenstand wurde zwischen zwei Brettern versteckt.

03 Diese für den Hund möglicherweise langweilig erscheinende Suchlage wird besonders attraktiv angetäuscht.

04 Die den Hund führende Hand dient als verbindliche Orientierungshilfe innerhalb der Suche. Er muss suchend der Hand dicht folgen, um zum erhofften Erfolg zu kommen.

05 Beim Führen des Hundes muss der Zweibeiner ganz genau wissen, welche Bereiche er dem Vierbeiner vorgibt. Ansonsten verliert er möglicherweise selbst die Übersicht zur Suchlage.

06 Die Anzeige erfolgt dann selbstständig.

06

01 Unterstützung bei der ersten Klettersuche.

02 Zeigt der Vierbeiner am Klettern ein erstes Interesse …

03 … wird er verbal und dabei auch theatralisch motiviert.

EINFLUSSNAHME DURCH LAUTSPRACHE

Die Lautsprache des Menschen ist ein enorm wichtiger Lernbeschleuniger in nahezu allen Trainingsbereichen für Hunde. Das gilt selbstverständlich auch für ZOS®. Wer bei ZOS® auf den motivierenden Einsatz seiner Stimme verzichten sollte, begeht von Beginn an – von wenigen Ausnahmen abgesehen – einen grundlegenden Ausbildungsfehler. Mittlerweile ist durch entsprechende Forschungsarbeiten bekannt, dass die Spracherkennungsareale im Gehirn eines Hundes sehr ähnlich funktionieren wie bei uns Menschen. Das bedeutet auch, dass Hunde ähnliche emotionale Bewertungen der menschlichen Sprache durchführen, wie wir das in der Kommunikation mit unseren Mitmenschen tun. Mit ihrem enormen Sprachverständnis gegenüber der Lautsprache des Menschen führen auch Hunde emotionale Bewertungen unserer Lautsprache durch. Dabei empfinden sie – wie wir – Sympathie und Antipathie, Furcht, Trauer, Freude, Frust, Lust und damit auch Motivation. Hunde beherrschen das ABC der Emotionen in gleicher Weise wie wir Menschen. Viele haben es schon immer geahnt, die Wissenschaft liefert mittlerweile die Beweise.

- **A** (Situation) Hunde nehmen Situationen beziehungsweise Gegebenheiten wahr. Die Stimme des Beziehungspartners beispielsweise wird akustisch aufgenommen.
- **B** (Bewertung) Die vorgenommene Wahrnehmung wird als neutral, negativ oder positiv bewertet. Freut sich der Hund über die „Aussage" des Beziehungspartners, wird er die Bewertung positiv abschließen.
- **C** (Reaktion) Die nach der Bewertung vorgenommene Reaktion zeigt sich im Verhalten des Hundes. Ist die Bewertung positiv, wirkt sich die Stimme des Beziehungspartners motivierend auf die Handlung des Vierbeiners aus.

Das Spannende an der Sache ist, dass der Mensch – je nach Verwendung seiner Lautsprache – seinen Hund zur Handlungsverstärkung genauso motivieren kann wie auch zur Handlungsabschwächung. So wirkt ein aufpuschendes „Klasse“ oder „Super“ als Energiebeschleuniger und damit handlungsverstärkend. Hingegen kann ein viel mehr beruhigendes und vokalbetontes Hörzeichen „Guuuut“ oder „Jaawoooohl“ einen Hund durchaus zur Entschleunigung anregen. Das ist besonders bei übermotivierten bzw. überdreht wirkenden Hunden angebracht und sehr effektiv. Es ist übrigens im Zusammenhang mit dem verbalen Lob empfehlenswert, den Namen oder die Bezeichnung des zu suchenden Gegenstandes (Beispiel: „Klaaammer“ für die Holzwäscheklammer) immer wieder in das Lob mit einfließen zu lassen. Wir geben damit dem zu suchenden ZOS®-Gegenstand ein „Gesicht“. Da es ja sinnvoll ist, Suchgegenstände aus unterschiedlichen Materialien im Training zu verwenden, wissen die Vierbeiner immer etwas genauer, welchen ZOS®-Gegenstand sie gerade suchen sollen.

LAUTSPRACHE NUR ZUM RICHTIGEN ZEITPUNKT EINSETZEN

ZOS®-Anfänger stellen meist schnell fest, dass ihre Vierbeiner während der Suche nach dem ZOS®-Gegenstand auf verbales Lob mit einem Suchabbruch reagieren und den Zweibeiner erwartungsvoll anschauen. Das ist völlig normal und darf nicht dazu führen, künftig auf das verbale Lob zu verzichten. Was ZOS®-Profis in diesem Zusammenhang schon lange wissen: Die „Rückschau“ eines Hundes zum lobenden Zweibeiner verliert sich sehr schnell, wenn der Zweibeiner sein Lob bei jeder „Rückschau“ abrupt einstellt. Sucht der Hund dann weiter, beginnt wieder das verbale Lob. Dreht er sich wieder um, verschwindet das motivierende Lob. Sehr schnell wird allen suchenden Hunden klar, dass eine verbale Motivation nur innerhalb der Suchleistung erfolgt und nie bei einer Suchunterbrechung.

Das führt schon nach wenigen Trainingseinheiten dazu, dass sich suchende ZOS®-Hunde bei einem verbalen Lob nicht mehr zum Zweibeiner umdrehen.

04 Die Anstrengung muss sich dann unbedingt lohnen.

Verbales Lob ist für den suchenden Hund motivierend.

DIE STIMME BRINGT DEN HUND IN STIMMUNG

Alle denkbaren Argumente, die sich gegen den Einsatz der menschlichen Stimme während der Ausbildung eines Spür- oder Suchhundes aussprechen, sind stets ideologiebehaftet und entbehren einer fachlich seriösen Grundlage. Wer auf die lobende Stimme verzichtet, kann sich nicht koordinierend genug in den Aufbau der Suchleistung mit einbringen. Es fehlt damit eine gestalterische Kraft, ohne die es ein Hund immer schwerer haben wird, ein effektives Suchsystem zu entwickeln.
Nur ein einziges Veto kann diese Aussage relativieren: Wer nämlich während der Sucharbeit seines ZOS®-Hundes immer wieder „falsch" lobt (in Timing und Dosis), kann der Leistungsentwicklung seines Vierbeiners mehr Schaden zufügen, als wenn er gar nicht lobt. Nun könnte man ja den ironischen Schluss folgern lassen, wer seinen Hund in der ZOS®-Ausbildung nicht verbal lobt, hat einfach Angst davor, es falsch zu machen.

VERBALES LOB TAKTIL (BERÜHREND) VERSTÄRKEN

Sobald die menschliche Stimme als handlungsverstärkende Belohnung gut funktioniert, kann bei etwas weniger motivierten Hunden während dem verbalen Lob mit zusätzlich motivierenden Streicheleinheiten (bevorzugt über den Rücken des Hundes) die Handlungsbereitschaft nochmals erhöht werden. Auch dabei werden sich die meisten Hunde anfangs zum Zweibeiner umdrehen. Dann wird – wie beim verbalen Lob – die Streicheleinheit unterbrochen. Sucht der Vierbeiner wieder weiter, kann erneut eine motivierende Streicheleinheit eingesetzt werden.
Allerdings sollten taktile Reize und damit Streicheleinheiten immer nach dem Motto „weniger ist mehr", und keinesfalls inflationär, eingesetzt werden. Bei einem Zuviel an Streicheleinheiten werden derartige Berührungen sonst irgendwann ihren motivierenden Charakter verlieren.

☞ *Eine soziale Unterstützung des ZOS®-Hundes im Suchtraining sollte mit beiden Elementen, der Körpersprache und der Lautsprache, geschickt kombiniert werden.*

ÜBER- UND UNTERFORDERUNG VERMEIDEN

Werden sogenannte Suchlagen im ZOS®-Training immer nur kurz und sehr einfach gehalten, kehrt recht schnell Langeweile beim ZOS®-Lehrling ein. Das ist dann eine Unterforderung, die letztlich den Spaß am ZOS®-Training bei Mensch und Hund zunehmend reduzieren wird.
Werden gegenteilig die Suchlagen immer sehr anspruchsvoll und schwierig gestaltet, kann dieser Umstand beim Vierbeiner sehr schnell zur Frustration und damit zu einer Überforderung führen.
Nicht über einen längeren Trainingszeitraum zu einfache oder auch zu schwierige Suchlagen

kreieren, dann bleibt die Freude an ZOS® beim Vierbeiner lebenslänglich erhalten. Begonnen wird selbstverständlich immer mit sehr einfachen Suchlagen, die auch einen schnellen Erfolg versprechen. Doch nach und nach erhöht man im ZOS®-Training die Ansprüche, wird sie zwischendurch aber auch wieder für schnelle und sichere Erfolge reduzieren. Dann wieder die Schwierigkeiten erhöhen, zwischendurch wieder mal reduzieren und so weiter …

MISSERFOLGE IM TRAINING GELTEN ALS LEISTUNGSFÖRDERND

Dass ein Hund während seiner Ausbildung immer einen erfolgreichen Abschluss haben muss, gilt mittlerweile in Fachkreisen zu Recht als Mythos. Mittlerweile ist bekannt, dass zeitweilige Misserfolge in Training und Ausbildung die Handlungsbereitschaft eines Hundes nicht reduzieren, sondern erhöhen! Das hat emotionale und damit verbunden auch hormonelle Gründe. Ein zeitweiliger Misserfolg lässt infolge Enttäuschung und/oder Frustration den Adrenalin-Pegel des Hundes ansteigen. Der erhöhte Adrenalin-Pegel wiederum verstärkt die Handlungsbereitschaft. Damit gilt heute auch als widerlegt, dass ein Hund unter Stressbedingungen nicht lernen könne. Lernen ist besonders effektiv, wenn es unter noch bewältigbaren Stressbedingungen erfolgt. Wir machen in diesem Zusammenhang immer wieder die Erfahrung, dass etwas routiniertere ZOS®-Hunde nach einem Misserfolg in der nachfolgenden Suchlage nicht lustloser, sondern in fast allen Fällen motivierter arbeiten.
Dieses moderne Prinzip der Leistungssteigerung durch sporadische Misserfolge kennen wir Menschen doch auch. Denken wir nur an unsere Sportler, die im Rahmen von Wettkämpfen auch mal die Rolle des Verlierers einnehmen und anschließend mehr als zuvor investieren, um wieder erfolgreich sein zu können.
Für vierbeinige ZOS®-Anfänger gilt allerdings die „Misserfolgsformel“ noch nicht, denn ihnen muss zunächst wichtige Planungssicherheit vermittelt werden. Erst wenn diese Planungssicherheit zu einer gewissen Routine führt, sollten sporadische Misserfolge zum Training gehören. Allerdings sind auch bei den routiniertesten Vierbeinern häufige Misserfolge nicht mehr leistungsfördernd, sondern vergleichsweise deprimierend. Dann wiederum lässt die Handlungsbereitschaft des Hundes immer mehr nach. ZOS® macht dann immer weniger Spaß.

Auch ein taktiles Lob spornt ihn bei der Suche an.

FINDEN DES GEGENSTANDES

Bevor es zu der erhofften Anzeige eines ZOS®-Gegenstandes kommen kann, muss der Vierbeiner erst einmal in der Lage sein, diesen über den Einsatz seiner Nase zu lokalisieren und damit ausfindig zu machen.

VERSTECKTIEFE

Zunächst muss es beim Anzeigeverhalten des Hundes darum gehen, den zu suchenden ZOS®-Gegenstand optimal zu verstecken. Dabei spielt die sogenannte Verstecktiefe eine ganz entscheidende Rolle.
Versteckte ZOS®-Gegenstände sollen vom Vierbeiner nicht mehr visuell (mit den Augen), sondern olfaktorisch (mit der Nase) gesucht und gefunden werden. Nur ganz am Anfang des Suchtrainings darf deshalb der zu suchende ZOS®-Gegenstand noch etwas unter dem Versteck herausragen. Doch schon nach wenigen erfolgreichen Suchlagen sollte der bis dahin herausragende ZOS®-Gegenstand „bündig" versteckt werden. Das bedeutet, dass er zwar vom suchenden Hund nicht mehr gesehen werden kann, er aber auch noch keine Verstecktiefe aufweist. Der ZOS®-Gegenstand wird beispielsweise so unter einem Stein versteckt, dass seine Oberfläche unter der außen liegenden Oberfläche des Steines bündig liegt. Sobald auch diese Herausforderung für den Vierbeiner machbar erscheint, wird der ZOS®-Gegenstand nach und nach für einige Millimeter tiefer unter den Stein gelegt. Stellen sich auch hier wieder die Erfolge ein, sollte man variable Verstecktiefen wählen. Das bedeutet nichts anderes, als dass nun die Verstecktiefen von wenigen Millimetern bis zu zirka drei Zentimetern erfolgen können. Das Ganze ist selbstverständlich auch von der Größe beziehungsweise „Dicke" des zu suchenden ZOS®-Gegenstandes abhängig.

Je nach Suchgegenstand muss die Verstecktiefe variiert werden.

Aus Sicht des Menschen gut versteckt, …

… aus Sicht des Hundes schnell entdeckt.

Eine kleine Geldmünze beispielsweise ist extrem flach und sollte nicht so tief versteckt werden wie ein vergleichsweise großer Kugelschreiber.
Verzichtet man auf variable Verstecktiefen und legt den ZOS®-Gegenstand beispielsweise immer exakt einen Zentimeter tief, kann es passieren, dass der Vierbeiner, bei einem zufällig entstehenden tieferen Versteck von zwei oder gar drei Zentimetern, beim Lokalisieren

und Anzeigen des ZOS®-Gegenstandes irritiert beziehungsweise verunsichert wirkt.
Das liegt daran, dass sich bei unterschiedlicher Verstecktiefe geruchsmolekular eine andere „Streuung“ ergeben kann. Einfacher ausgedrückt: Die Verteilung der Gerüche kann sich mit zunehmender oder abnehmender Verstecktiefe verändern.
Wenn der ZOS®-Lehrling in die erste „echte“ Suche nach seinem ZOS®-Gegenstand geht, kann er das bereits im ersten Kapitel beschriebene Anzeigeverhalten leisten (siehe S. 14).
Er lokalisiert somit seinen ZOS®-Gegenstand am Versteck und legt sich – mit der Nase dicht an der Geruchsquelle verharrend – exakt und spannungsgeladen in die Platz-Position.
Wie bereits in der vorangegangenen Sucharbeit beschrieben, sind auch hier motivierende Einflüsse durch die Körpersprache, Lautsprache und auch durch taktile Unterstützung (Streicheleinheiten) als erforderlich anzusehen.
Durch den bereits erlernten Einsatz des Verstärker-Klicks sollte es zunächst gelingen, den Vierbeiner in seiner Anzeigeposition beständig und zuverlässig zu „halten“. Der Körpersprache des Menschen kommt nun erneut eine besondere Bedeutung zu.

01 Annäherung nach erfolgreicher Anzeige.

02 Nähern Sie sich nur bei richtiger Anzeige an.

KÖRPERSPRACHLICHE MOTIVATION

Die Suche nach dem versteckten ZOS®-Gegenstand gilt dann als erfolgreich, wenn der Vierbeiner seinen Gegenstand nicht nur gefunden, sondern ihn auch in der erwünschten Platz-Position angezeigt hat.

Jetzt wartet er nur noch auf seine Belohnung (meistens Leckerli oder auch die Futtertube). Bis er allerdings diese Belohnung erhält, muss er noch ein klein wenig in der Platz-Position verharren und darf dabei seine Nase nicht von der Geruchsquelle entfernen. Er sollte „gegenstandstreu" bleiben und ihn nicht verlassen.

Da sich der Zweibeiner zum Zeitpunkt der Anzeige meistens nicht unmittelbar bei seinem Hund befindet, muss er sich nun so annähern, dass sich der Vierbeiner in der gezeigten Platz-Position nicht verändert.

Kommt der Zweibeiner von hinten heran, kann ihn sein Hund nicht sehen, hört ihn aber meistens. Jetzt darf er sich aber nicht umdrehen, denn sonst bleibt der Mensch sofort stehen (nicht angespannt) und geht keinen Schritt weiter. So lernt der Hund schnell, dass er keinerlei Vorteile hat, wenn er sich zum Zweibeiner umdrehen sollte. Im Gegenteil: Es dauert nun noch länger, bis es die erhoffte Belohnung geben kann.

Bei einem Annähern von hinten spielt die Körpersprache des Menschen eine untergeordnete Rolle. Ganz anders verhält es sich bei der Annäherung von der Seite oder von vorne. Da nämlich befindet sich der Mensch im Blickfeld des Hundes und wird von diesem auch wahrgenommen.

Ein erfahrener ZOS®-Hund wird bei einer Annäherung durch seinen Menschen seine Anzeigeposition nicht mehr verändern.

Ganz anders verhält es sich bei einem vierbeinigen ZOS®-Anfänger. Je näher der Zweibeiner von vorne oder auch von der Seite in die Intimzone des Vierbeiners herantritt, umso erwartungsvoller und unruhiger wird dieser werden.

Wirken nun Körperhaltung und Körpergestik des Zweibeiners spannungsgeladen, verstärkt sich meistens die Erwartungshaltung beim Hund nochmals und somit nehmen auch seine innere und äußere Unruhe zu.

Ein erwünscht stilles Liegenbleiben ist dann in vielen Fällen nicht mehr möglich.

Somit dürfte klar werden, dass die Annäherung in den allermeisten Fällen ohne druckvolle Körperspannung erfolgen sollte.

Eine betont entspannte Annäherung des Menschen an seinen Hund beinhaltet die beste Gewähr dafür, dass der Vierbeiner in der Platz-Position weiterhin ruhig liegen bleiben kann.

03 Genau so sollte es aussehen.

04 Es folgt die Belohnung.

Befindet sich der Zweibeiner nun neben seinem an der Geruchsquelle ruhig liegenden Hund, begibt er sich – bei immer noch entspannter Körperhaltung – direkt neben dem Hund in die Hocke, um ihm die bevorstehende Belohnung geben zu können.
Wer – aus welchen Gründen auch immer – neben seinem Hund nicht in die Hocke gehen kann, sondern sich stehend mit dem Oberkörper über den Hund beugt, riskiert grundsätzlich mehr soziale Irritationen beim Vierbeiner als in der hockenden Position. Das In-die-Hocke-Gehen sollte deshalb nach Möglichkeit den Vorzug erhalten. Zwischendurch kann immer wieder der bekannte Verstärker-Klick zum Einsatz kommen (siehe S. 34 ff.). Dieser gibt dem Hund das deutliche Signal, dass alles in bester Ordnung ist und er einfach seine Platzposition – mit der Nase noch immer an der Geruchsquelle – weiter aufrecht halten soll.

Keinesfalls annähern, wenn der Hund zum Zweibeiner schaut.

Sobald durch den Zweibeiner die optimale Position für eine Belohnungsgabe (Leckerli) erfolgt ist, kann entweder sofort oder auch zeitverzögert belohnt werden. Die Belohnung unbedingt und immer nur dort verabreichen, wo sich auch die Geruchsquelle des ZOS®-Gegenstandes und damit die Nase des Hundes befindet. Als Alternative kann anstelle der direkten Belohnung am Hund auch der Auflöse-Klick eingesetzt werden (siehe S. 29).

☞ *Wir erinnern uns: Der Verstärker-Klick signalisiert dem Hund, weiterhin seinen ZOS®-Gegenstand anzuzeigen. Der Auflöse-Klick beendet die Anzeige und der Hund darf die Anzeigeposition verlassen, um seine Belohnung zu bekommen.*

Bei der Verwendung eines Auflöse-Klicks wird die Belohnung ebenfalls am Versteck gegeben. Nach der Futtergabe soll sich der Hund erneut wieder in das Anzeigeverhalten begeben.

Die Variante über den Auflöse-Klick ist dann besonders zu empfehlen, wenn der Zweibeiner eine Bewegungseinschränkung durch ein körperliches Handicap aufweist und damit mit der knienden oder hockenden Position Probleme haben sollte. Hier darf die Belohnung auch direkt beim Zweibeiner abgeholt werden.

Oder es tauchen Probleme beim Belohnen des Hundes in Verbindung mit dem Verstärker-Klick auf. Wird das Timing des handlungsverstärkenden Klicks nicht optimal auf den Hund abgestimmt, kann schnell Hektik und Unruhe beim Vierbeiner entstehen. Das bedeutet, beim Auflöse-Klick ist die Fehlerquote im ZOS®-Training geringer als beim Verstärker-Klick.

Die höchste Anforderung beim Auflöse-Klick ist darin zu sehen, dass der Hund unbedingt vor dem Auslösen des Klicks eine korrekte und vor allem auch ruhige Anzeigeposition vorweist.

01 Der Hund zeigt seinen Gegenstand am Versteck an.

02 Gefüttert wird ausschließlich am Gegenstand.

Erst dann erfolgt der Klick und der Vierbeiner darf sich seine Belohnung abholen.
Jeder Zweibeiner, der von sich glaubt, mit dem Verstärker-Klick gut umgehen zu können, sollte auch wissen, dass er dicht am Hund auf dessen optimales Anzeigeverhalten einen besseren gestalterischen Einfluss hat, als weiter entfernt stehend mit dem Auflöse-Klick.
Einem ZOS®-Anfänger das optimale Anzeigeverhalten zu vermitteln, ist sicher kein Kinderspiel. Neben einem guten Timing ist auch viel Intuition erforderlich, um das Verhalten seines Vierbeiners genauestens beurteilen, bestenfalls sogar vorhersagen zu können.

PANNEN IN DER ANZEIGE

Beim Auftreten von Pannen und Misserfolgen in der Anzeige gilt eine wichtige Regel, die sich wie ein roter Faden durch die gesamte ZOS®-Ausbildung zieht: Der Zweibeiner geht mit seinen Ansprüchen im Training genau an die Stelle zurück, an der nach seiner Überzeugung noch alles in bester Ordnung war. Dort macht er zur Sicherheit noch ein bis zwei Trainingseinheiten, um sicherzugehen, dass die von ihm erwartete Leistung tatsächlich abrufbar ist.
Anschließend muss er sich in aller Ruhe darüber im Klaren werden, welches Fehlverhalten er beim Hund erkannt hat, welche Ursachen den Fehlern zugrunde liegen können und was er letztlich dazu beitragen kann, um das Fehlverhalten seines Vierbeiners abzubauen. Dabei hilft oftmals die pragmatische Analyse auf einem Blatt Papier außerhalb des Trainings, manchmal auch das Bauchgefühl und/oder logisches Nachdenken. Doch im Einzelfall kann auch eine Problemlösung etwas komplizierter werden und dafür gibt es dann spezialisierte ZOS®-Lizenztrainer, die sich mit spezifischen Problemlösungen sehr gut auskennen. Lösungen innerhalb des ZOS®-Trainings gibt es grundsätzlich zu jedem auftretenden Problem.

03 Weitere Anzeigen folgen, unabhängig von Auflöse- oder Verstärker-Klick.

01

LAUTSPRACHLICHE MOTIVATION

Es hängt in einem ganz erheblichen Maß von der Individualität eines jeden einzelnen Hundes ab, ob, wann und in welcher Form die Lautsprache des Menschen während der ZOS®-Anzeige verwendet wird. Grundsätzliches zum wichtigen Einsatz der Lautsprache im ZOS®-Training wurde ja bereits ausführlicher erläutert (siehe S. 82 ff.).

Nur in seltenen, begründeten Einzelfällen sollte auf die Lautsprache beziehungsweise auf verbale Unterstützung verzichtet werden. Nämlich dann, wenn die menschliche Stimme keinen motivierenden Charakter aufweisen kann und den Vierbeiner während der ZOS®-Anzeige weitaus mehr irritieren als motivieren sollte.

In allen anderen Fällen ergeben sich durch den gezielten Einsatz der Lautsprache ganz erhebliche Vorteile. Hunde, die in einer soliden und harmonischen Beziehung zu ihren Menschen stehen, fühlen sich wohl und sicher in der ZOS®-Anzeige, wenn sie beispielsweise ein bestätigendes „Jaawooohl" des hinter ihnen stehenden Beziehungspartners vernehmen. Das ist übrigens häufig darin zu erkennen, dass sie nach einem motivierenden Lob die Nase noch etwas enger und fester an die Geruchsquelle ihres ZOS®-Gegenstandes drücken.

STIMMUNGSBILD

Hunde sind clever genug, das jeweilige Stimmungsbild hinter einem Hörzeichen zu erkennen. So hat ja auch bei sehr vielen Hunden im Alltag ein „Nein" nur dann eine Bedeutung, wenn deren Zweibeiner dieses „Nein" mit einer stimmlichen Energie ausstatten. Fehlt diese Energie, dann kann ein „Nein" des Menschen sehr schnell ein „Doch" beim Hund hervorrufen.

02

03

04

05

Zweibeiner, die regelmäßig mit ihren Hunden über die Lautsprache kommunizieren, wissen ganz genau, wie sie ihre Stimme optimal zum Einsatz bringen.

☞ *Lautstärke, Intensität, Klang und Farbe der Stimme werden dem jeweiligen Verhalten des Hundes angepasst. So kann die Lautsprache des Menschen den Vierbeiner regelrecht „aufheizen", aber auch „abkühlen", je nachdem, wie die Stimme eingesetzt wird.*

Ist ein vierbeiniger ZOS®-Lehrling gerade noch am Kämpfen, um die Geruchsquelle seines ZOS®-Gegenstandes zu lokalisieren, kann durchaus ein gepresst und druckvoll wirkendes „Jawwollll" bei leicht erhöhter Lautstärke einen zusätzlichen Schub an Initiative zum Weiterkämpfen bewirken („Aufheizen"). Würde hingegen das aufputschende „Jawwollll" während einer ruhigen Anzeige am ZOS®-Gegenstand erklingen, wäre es bei den meisten Hunden mit dem erwünscht ruhigen Anzeigeverhalten schnell vorbei. Hier wird häufig das „Abkühlen" wichtig. Das jetzt verwendete „Jaawooohl" ist langgezogen, deutlich ruhiger und wirkt nicht gepresst, sondern eher melodisch. Das motivierende „Jawohl" dient lediglich als Beispiel dafür, dass ein einzelnes Hörzeichen ganz unterschiedlichen Zwecken dienen kann. Ein enorm wichtiger Aspekt im ZOS®-Training.

01 Sollte ein Auflöse-Klick verwendet werden, bei dem der Hund nicht am Versteck gefüttert wird, können Trainingsnachteile entstehen.

02 Die Futterbelohnung erfolgt abseits vom Versteck, wodurch der Hund sich abwenden muss.

03 Nachteil: Der Hund muss erneut suchen, lokalisieren und anzeigen.

04 Die erneute Anzeige wird verbal gelobt.

05 Die nächste Futterbelohnung nach Auflöse-Klick wird vorbereitet – weiter geht's.

01 *Ruhige und sanfte Streicheleinheiten, …*

02 *… verbunden mit ruhigem Lob, entspannen den Hund.*

ANPASSUNG AN DEN HUND

Letztlich muss jeder Hundebesitzer und auch jeder Hundetrainer, der sich dem ZOS®-Training verschworen hat, bei jedem einzelnen Vierbeiner eine individuelle Marschroute im Trainingsalltag erarbeiten. Es wäre dabei völlig abwegig, von einem ZOS®-Lehrling Anpassungsfähigkeit gegenüber den laut- und körpersprachlichen Fähigkeiten der ihn trainierenden Zweibeinern abzuverlangen. Wer das erwarten sollte, dem darf gesagt sein: Das geht in den meisten Fällen schief. Stattdessen muss der Mensch ganz genau hinschauen, welche Wirkung seine motivierende Unterstützung beim Hund hinterlässt.

☞ *Sowohl körpersprachliche als auch lautsprachliche Motivation sind stets der individuellen „Persönlichkeit" eines jeden einzelnen Hundes anzupassen, nur so können optimale Trainingserfolge erzielt werden.*

MOTIVATION IM DREIERPACK

Im ZOS®-Training generell und damit auch bei der Anzeige des ZOS®-Gegenstandes ist es immer wieder sinnvoll, Körpersprache, Lautsprache und taktile Unterstützung geschickt zu kombinieren.

Eine ruhige und entspannte Körperhaltung, verbunden mit einem weichen, melodisch wirkenden Hörzeichen sowie sanftem Streicheln über den Rücken des Hundes, kann enorm motivierende Auswirkungen zur „Abkühlung" haben. Genauso kann die deutlich angespannte Körperhaltung, verbunden mit dem druckvollen Hörzeichen sowie aufputschendem Tätscheln des Hunderückens, das Gegenteil und somit ein „Aufheizen" nach sich ziehen. Die Motivation im Dreierpack ist übrigens ein sehr häufiger – und durchaus ratsamer – Begleiter des ZOS®-Trainings für bereits etwas routiniertere Anfänger-Teams und auch für Fortgeschrittene.

01 *Soll hingegen die Motivation hoch sein, …*

02 *… kann der Hund sanft zurückgezogen werden.*

03 *Dann unter verbalem „Anfeuern“ kurz halten, …*

04 *… um ihn dann zum Versteck freizugeben.*

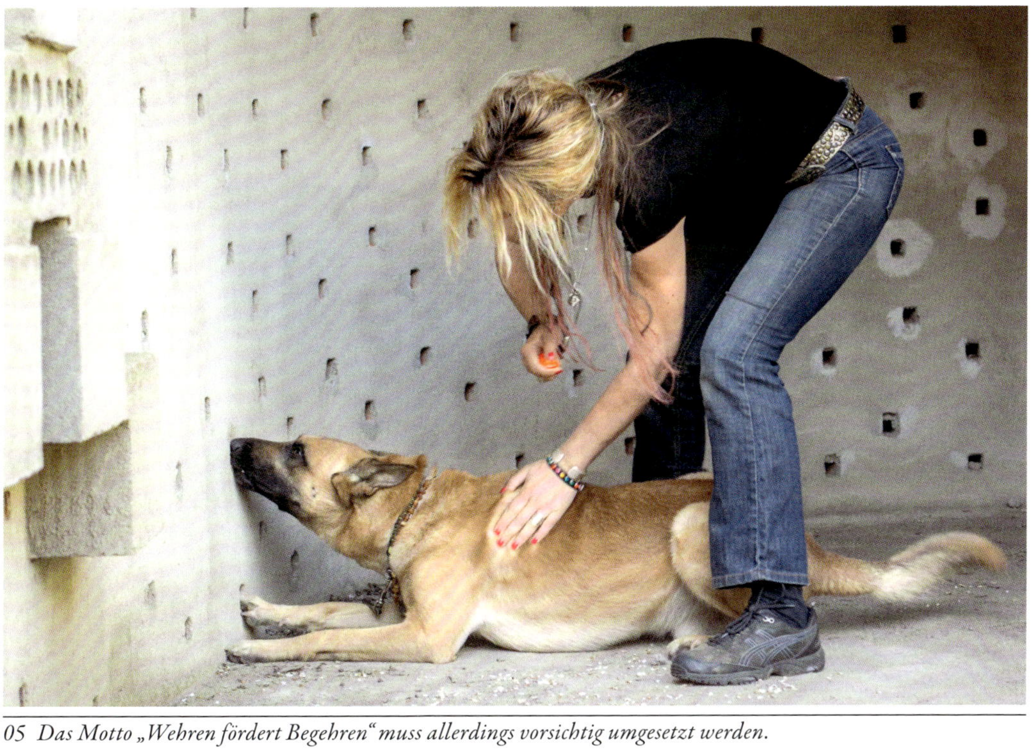

05 *Das Motto „Wehren fördert Begehren“ muss allerdings vorsichtig umgesetzt werden.*

AUSSCHLUSS VON FUTTERVERLEITUNGEN

Im Idealfall sollte ein Hund bei Spaziergängen, im Garten oder auf sonstigen Wegen und Plätzen kein herumliegendes Futter oder sonstige, für ihn attraktive „Fresswaren" aufnehmen.

Gerade im Hinblick auf die immer wieder thematisierte Giftköder-Problematik ist das sehr wichtig. Deshalb trainieren die meisten fortgeschrittenen ZOS®-Teams auch den sogenannten „Ausschluss von Futterverleitungen". Um zumindest weitgehend gewährleisten zu können, dass beispielsweise in einem Suchbereich herumliegende Lebensmittelreste vom Vierbeiner nicht aufgenommen oder gar gefressen werden, wird genau dieser Umstand ins ZOS®-Training als zusätzliche Übung zeitweilig eingebaut.

Um das Training für den Futterausschluss zu starten, fängt man erst einmal an, weniger attraktives Futter oder Lebensmittelreste mit in einen kleinen Suchbereich zu legen. Die Futterverleitung muss allerdings anfangs so ausgelegt beziehungsweise versteckt werden, dass sie der Hund nicht erreichen kann. Es geht zu Beginn vor allem darum, die Reak-

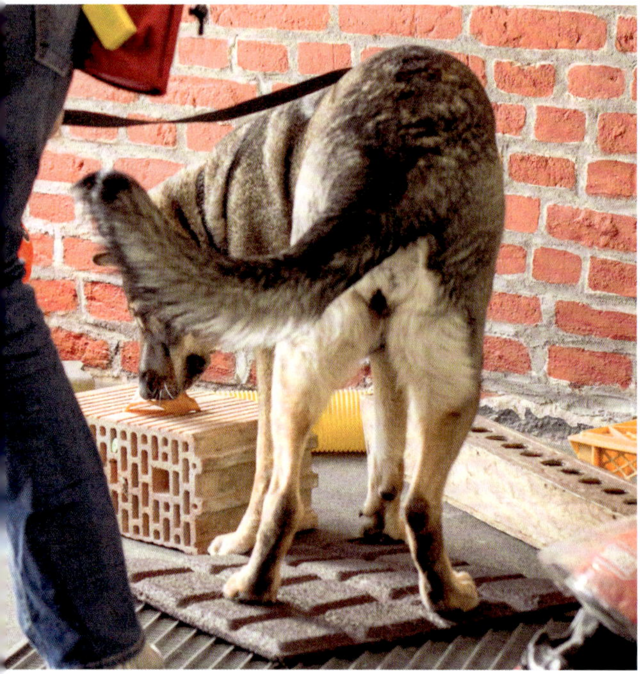

01 Die Futterverleitung darf der Hund kontrollieren, ...

02 ... allerdings nicht aufnehmen!

tion eines suchenden Vierbeiners auf die angebotenen Verleitungen genauer zu beobachten. Wie geht der Hund mit dieser Form der Ablenkung um? Die jeweiligen Reaktionen im Verhalten können dabei extrem unterschiedlich verlaufen. Es gibt Vierbeiner, die jede Form der Futterablenkung auch ohne weitreichendes Training ganz einfach ignorieren. So wird beispielsweise der unter einem Gitterrost liegende Wurstzipfel zwar kurz geprüft, allerdings danach desinteressiert als weniger interessant eingestuft. Andere Hunde wiederum lassen nach der geruchlichen Wahrnehmung des Wurstzipfels im wahrsten Sinne des Wortes alles stehen und liegen. Sie verfolgen ab diesem Zeitpunkt nur noch das Ziel, dem Wurstzipfel habhaft zu werden. Der zu suchende ZOS®-Gegenstand scheint hingegen völlig vergessen.

Genau aus diesem Grund sollte der lernende Hund anfangs im Training nicht gleich mit extrem attraktiven Verlockungen über die Grenze seiner Belastbarkeit gebracht werden.

IGNORIEREN, NICHT MEIDEN

Generell sollten wir auch bedenken, dass ein Hund gegenüber Futterverleitungen im Suchbereich kein Meideverhalten zeigen soll. Sie sollen einfach nach dem Erkennen ignoriert werden, nicht mehr und nicht weniger ist gewollt. Um dieses Ziel zu erreichen, darf der erzieherische Druck bei derartigen Übungen weder zu hoch noch zu gering sein.

Zu Beginn ist es empfehlenswert, eine kurze Führleine am Hund zu befestigen. Es kann nämlich gut sein, dass das Interesse des Vierbeiners an der Futterverleitung extrem hoch ist, und da ist eine „Sicherung" des Hundes durchaus vorteilhaft. Da der Suchbereich bewusst klein gehalten wird, dauert es nicht lange, bis der suchende Hund die Futterverleitung wahrnehmen wird. Am Anfang sollte die Attraktivität der Verleitung nicht zu hoch sein, und deshalb kann z. B. ein Stück trockenes Brot als Einstieg gut dienen.

03 Mit einer dem Hund angepassten Einwirkung wird das Aufnehmen unterbunden.

01 Das verlockende Schweineohr liegt über dem Versteck.

02 Der Vierbeiner sucht konzentriert …

Schnüffelt der Vierbeiner nun interessiert an der Futterverleitung (die ja anfangs nicht offen liegen sollte), dann darf an dieser Stelle noch nicht erzieherisch eingewirkt werden. Jetzt ist es enorm wichtig, zunächst abzuwarten, welche Entscheidung der Hund treffen wird. Widersteht er der Futterverleitung und nimmt die Suche nach seinem ZOS®-Gegenstand wieder auf, darf sich der Zweibeiner freuen und das wieder aufgenommene Suchverhalten seines Vierbeiners ausgiebig loben.
Sollte der Hund hingegen auffallend lange (über fünf Sekunden) und intensiv prüfen, können erste erzieherische Einwirkungen (angemessen) erfolgen. In gut funktionierenden Mensch-Hund-Beziehungen sollte jeder Zweibeiner wissen, in welcher Form und Intensität er auf seinen Vierbeiner einwirken muss, um ein unerwünschtes Verhalten abzubrechen. Hierzu erteilen wir keine pauschalen Empfehlungen.
Dasselbe gilt auch für den Umgang mit Hunden, die sich dazu entscheiden, die Futterverleitung anzunehmen und deshalb aktiv versuchen, der Verleitung habhaft zu werden. Hat das erzieherische Reglementieren Erfolg und sucht der Hund dann weiter nach seinem ZOS®-Gegenstand, ist alles in Ordnung und auch hier sollte die erneut aufgenommene Suche des Vierbeiners gelobt werden.
Sollte bei einem erzieherischen Reglementieren der Hund irritiert die Suche nach seinem Gegenstand abbrechen, kann ihm der Zweibeiner etwas Hilfestellung leisten und ihn wieder zur Weitersuche ermuntern.
Hunde, die – quasi in Trotzreaktionen – nicht mehr weitersuchen wollen, haben erst einmal für einige Minuten Pause, die allerdings beschäftigungsfrei verlaufen muss. Anschließend kann ein erneuter Versuch zur Aufnahme der Suche nach dem ZOS®-Gegenstand erfolgen. Die Erfahrung zeigt, dass Hunde nach einer oder auch mehreren „Zwangspausen" gerne wieder bereit sind, mit erneuter Suchleistung zum Erfolg zu kommen.

Erst wenn der Vierbeiner an diesem noch nicht so begehrenswertem Futter kein Interesse mehr hat, kann nach und nach die Attraktivität der Futterverleitungen erhöht werden. ZOS®-Hunde, die in den höheren Leistungsklassen an den ZOS®-Sportwettkämpfe

03 ... und zeigt dann den Suchgegenstand problemlos trotz Schweineohr an.

teilnehmen, werden mit extrem attraktiven Futterverleitungen konfrontiert. Neben Schweineohren und weiteren Kauartikeln finden sich sogar offen liegende Bratwürste in den Suchgebieten. Mit fleißigem Training lassen sich übrigens die meisten ZOS®-Hunde dazu bringen, alle denkbaren Futterverleitungen zu ignorieren. Wohlbemerkt, die meisten. Vereinzelt tauchen aber auch im ZOS®-Sport Hunde auf, bei denen man in Sachen Futterverleitungen an individuelle Grenzen stößt.

FREMDE PERSONEN

Wenn Sie den Ausschluss von Futterverleitungen üben sollten, denken Sie bitte daran, dass ablenkendes Futter oder Lebensmittelreste nicht immer nur durch Sie selbst, sondern auch durch andere Personen ausgelegt werden sollten. Die meisten Hunde sind intelligent genug, alles liegen zu lassen, was die Gerüche des zweibeinigen Partners oder auch des ZOS®-Trainers beinhaltet. Liegt dann aber mal etwas Interessantes herum, das frei von den Gerüchen der üblichen Trainingspartner sein sollte, kann es passieren, dass sich der Hund auch mal anders und somit für die Wurst entscheidet.

ERFOLGREICHES ZOS®! UND JETZT?

Für die meisten ZOS®-Teams stellt sich irgendwann die Frage, welche Möglichkeiten es geben kann, ZOS® in den Alltag zu integrieren. Denn schließlich ist der ZOS®-Einstieg gut gelungen und Zwei- und Vierbeiner haben Spaß und Freude an dieser beziehungsfördernden Beschäftigung.
Dazu gibt es eine sehr gute Nachricht. Kaum ein anderes Beschäftigungsmodell für unsere Hunde ist derart alltagstauglich wie ZOS®. Und nicht nur das, auch das sogenannte „Kreativ-ZOS®", das sich in den vergangenen Jahren aus dem Ideenreichtum unserer ZOS®-Lizenztrainer entwickelt hat, verspricht eine zusätzliche Bereicherung für den Alltag. Dem Ideenreichtum sind dabei kaum Grenzen gesetzt. Es sollte lediglich immer darauf geachtet werden, dass die Trainingsabläufe nicht zu einer Störung oder gar Schädigung des Umfeldes führen. Rücksichtnahme auf andere ist oberstes Gebot. Widmen wir nun das nachfolgende Kapitel dem Thema ZOS® im Alltag.

ZOS® IM ALLTAG

— *Kreativität und Begeisterung*

VIELFÄLTIGE BESCHÄFTIGUNG

Moderne Auslastungs- und Beschäftigungsmodelle sind dann besonders attraktiv, wenn sie ohne erheblichen technischen Aufwand und räumlich sowie zeitlich unabhängig durchgeführt werden können.

Die meisten in Vereinen und Hundeschulen angebotenen Sport- und Freizeitaktivitäten mit dem Hund können diese Anforderungen kaum erfüllen. Zwei- bis dreimal pro Woche gibt es dort festgelegte Übungszeiten in ebenfalls festgelegten Räumlichkeiten oder auf Übungsplätzen.

Auch die durchaus beliebten Beschäftigungsmodelle Fährtenarbeit beziehungsweise Mantrailing lassen sich nur unter bestimmten zeitlichen und räumlichen Voraussetzungen durchführen. Hinzu kommen noch witterungsbedingte Einflüsse, die vor allem die Fährtenarbeit in den Wintermonaten im wahrsten Sinne des Wortes auf Eis legen können.

Ganz anders sind die gegebenen Möglichkeiten bei ZOS®. Nach dem Motto „Geht nicht, gibt es nicht!" kann ein in der ZOS® konditionierter Hund seiner Leidenschaft quasi immer und überall nachgehen. Dabei sind der Kreativität des Zweibeiners kaum Grenzen gesetzt. Ob Wohnung, Garten, Spazierwege, Wald, Wiese, innerstädtische Bereiche (wo Hunde erlaubt sind), Parkplätze, Auto ... Grenzen gibt es meist nur dort, wo Hunde als nicht erlaubt oder als nicht erwünscht gelten. Im Folgenden geben wir einen Einblick in zahlreiche beispielhafte Möglichkeiten, ZOS® als Beschäftigung in den Mensch-Hund-Alltag zu integrieren. Dabei beginnen wir zunächst im häuslichen Umfeld und damit im Wohnbereich und im Garten (wenn vorhanden). Anschließend bewegen wir uns zunehmend in räumliche Bereiche außerhalb des Wohnbereiches.

Alle nun folgenden kreativen Ideen setzen voraus, dass das Einmaleins in Sachen ZOS® vom Hund bereits beherrscht wird. Der Weg dorthin wurde ja bereits in den drei vorhergehenden Kapiteln ausführlich beschrieben. Im Folgenden geht es somit um die vielfältigen Möglichkeiten, ZOS® gewinnbringend für Hund und Mensch in den ganz normalen Alltag zu integrieren.

Eine ZOS®-Suche im Alltag.

ZOS® IN WOHNUNG UND GARTEN

Die meisten Wohnbereiche bieten jede Menge Möglichkeiten, mit „Home-ZOS®" den vierbeinigen Sozialpartner in Sachen Auslastung und Beschäftigung zufriedenzustellen.

Die bewohnten Räume sind schon so ausgestattet, dass sich darin auch Versteckmöglichkeiten für den ZOS®-Gegenstand ergeben. Da ein in der Wohnung zu suchender ZOS®-Gegenstand verhältnismäßig klein sein sollte, ergeben sich weitaus mehr Möglichkeiten als beim Verstecken von Spielzeug oder gar eines Futterbeutels. Das gesamte Mobiliar kann – bis auf Hundenasehöhe – Versteckmöglichkeiten für den ZOS®-Gegenstand bieten. Nicht nur unter Schränken, Kommoden, Tisch- und Stuhlbeinen sowie Teppichrändern und Teppichleisten kann ein kleiner Suchgegenstand versteckt werden. Auch ein Verstecken innerhalb von Schränken und Kommoden in den unteren Bereichen ist möglich. Durch die Türritzen entweichen die Geruchsmoleküle auch dann, wenn die Türen geschlossen sind. Wem allerdings die Versteckmöglichkeiten in der Wohnung nicht ausreichen, der kann auch innerhalb weniger Minuten ein kleines „Trümmerfeld" (ohne etwas zertrümmern zu müssen) mit erweiterten Versteckmöglichkeiten errichten. Das nötige Equipment dürfte in jedem Haushalt zu finden sein. Eine Getränkekiste, Koffer, Taschen, Fußmatten, kleinere Kartons, die beschwert werden sollten (Gefahr des Wegschiebens durch den Hund) und vieles mehr. Die lustige Nebenwirkung dabei: Der mögliche Vorwurf einer unaufgeräumten Wohnung kann entkräftet werden, denn schließlich macht man ja mit dem Hund ZOS®.

GRÖSSE DES ZOS®-GEGENSTANDES

Möglichst klein sollte er sein, der im Wohnbereich zu suchende ZOS®-Gegenstand. Nur so lassen sich Kreativität und Attraktivität im ZOS®-Training auf einem gleichbleibend hohen Niveau umsetzen.
Erfahrungsgemäß eignen sich Suchgegenstände, die zirka 2 Zentimeter lang und 1 Zentimeter breit sind, ganz besonders für ZOS® im Wohnbereich. Derart kleine Suchgegenstände, die etwa die Größe einer kleinen Büroklammer aufweisen, lassen sich sehr gut verstecken und stellen ZOS®-Hunde auch vor anspruchsvolle Aufgaben.
Die Frage stellt sich nun sicher für viele ZOS®-Anfänger, wie man einen extrem kleinen Suchgegenstand am besten konditioniert. Beim Anklicken von Gegenständen greift man schließlich in der ZOS®-Lernphase auf wesentlich größere Suchgegenstände zurück, wie z. B. eine Wäscheklammer.
Die Antwort auf diese Frage ist recht einfach, denn wir müssen nichts anderes tun, als den ursprünglich „großen" ZOS®-Gegenstand nach und nach zu verkleinern. Die Holzwäscheklammer kann ja immer wieder so verändert oder bearbeitet werden, dass letztlich material- und geruchgleiche ZOS®-Gegenstände unterschiedlicher Größe zur Verfügung stehen. Bei allen „weichen" Materialien dürfte das problemlos zu schaffen sein.

BEISPIEL: LEDER

Da Holz aber beim Verkleinern auch splittern kann, ist Leder etwas besser geeignet. Nehmen wir als Beispiel ein nicht mehr benötigtes Lederband einer Armbanduhr. Ein relativ großer Teil des Lederbandes kann zunächst zum Anklicken verwendet werden. Hat der Hund den ZOS®-Gegenstand „abgespeichert", wird er einfach mit einer Schere oder einem Messer so lange verkleinert, bis irgendwann das gewünschte Maß in Länge und Breite erreicht ist. Das Lederband dient dabei nur als Beispiel. Selbstverständlich können als ZOS®-Gegenstand alle denkbaren Materialien, die sich in Form und Größe bearbeiten lassen, verwendet werden. Allerdings sollten keine Materialien im Training verwendet werden, die bei häufigem Gebrauch schnell einer Verwitterung ausgesetzt sind. Irgendwelche Lebensmittel oder auch Papiermaterialien scheiden somit als ZOS®-Gegenstand aus.

Vielfältige Versteckmöglichkeiten bietet nahezu jede Wohnung.

BEISPIEL: 1-CENT-MÜNZE

Aber auch Kleinstgegenstände, die nicht so einfach bearbeitet werden können, lassen sich für das „Home-ZOS®" sehr gut als ZOS®-Gegenstand einsetzen.
Denken wir dabei nur an die 1-Cent-Münze. Diese ist nicht nur klein, sondern auch noch aus Metall und stellt ZOS®-Hunde vor eine sehr anspruchsvolle Aufgabe.
Bei bereits fortgeschrittenen ZOS®-Hunden muss die 1-Cent-Münze bei einem neuen Anklicken nicht mehr in die Hand genommen werden. Sie kann vor dem Hund auf dem Boden liegen und wird über verbales Lob und den Verstärker-Klick sehr schnell als ZOS®-Gegenstand konditioniert (siehe S. 34 ff.). Der Auflöse-Klick wird nur zu Beginn bei den ZOS®-Anfängern eingesetzt (siehe S. 29 ff.), ihn können wir uns bei einem mit dem ZOS®-System vertrauten Vierbeiner selbstverständlich sparen.

WARTE- UND SUCHBEREICH

Ein kleines Beispiel soll zeigen, wie in einer Wohnung eine alltägliche ZOS®-Einheit gestaltet werden kann.
Der Hundebesitzer begibt sich mit seinem Vierbeiner in den Flur, breitet dort die ZOS®-Startdecke aus und legt seinen Hund auf der Startdecke ab. Für den Vierbeiner steht zweifelsfrei fest: „Gleich geht es los!"
Der Zweibeiner begibt sich nun, ausgestattet mit dem ZOS®-Gegenstand (kleines Stück Leder), dem Klicker und etwas Futter in das Wohnzimmer. Der Hund bleibt erwartungsvoll im Flur zurück.
Der kleine Suchgegenstand „verschwindet" nun hinter der Tür der Schrankwand und die Tür des Schrankes wird wieder geschlossen. Da der zu suchende ZOS®-Gegenstand unmittelbar hinter der Türöffnung liegt, wird ihn der suchende Vierbeiner später durch den Türspalt auch geruchlich wahrnehmen können.
Nachdem der ZOS®-Gegenstand versteckt wurde, begibt sich der Hundebesitzer wieder zurück zu seinem Vierbeiner, der noch immer erwartungsvoll im Flur liegt. Mit dem für den Hund bekannten ZOS®-Startritual geht es dann aus Sicht des Vierbeiners endlich los. Zügig läuft er ins Wohnzimmer und beginnt dort intensiv seine Nase zur Suche des zuvor versteckten ZOS®-Gegenstandes einzusetzen. Hoch motiviert schnüffelt er alle denkbaren Versteckmöglichkeiten im Wohnzimmer sorgfältig ab. Zentimeter für Zentimeter streift seine Nase an Ritzen, Löchern und Spalten der Wohnzimmereinrichtung entlang. Irgendwann erreicht er dabei auch den Schrank, in dem der ZOS®-Gegenstand versteckt wurde. Seine Nase schnüffelt am Türspalt des Schrankes entlang und plötzlich kommt es zu einem Stocken. Da ist doch irgendwas ...! Mit kleinen, halb-

Erwartungsvolle Vorfreude auf der ZOS®-Startdecke.

kreisförmigen Pendelbewegungen der Hundenase sucht der Vierbeiner den Spalt an der Schranktür jetzt besonders intensiv ab. Dieses Verhalten tritt fast immer dann auf, wenn der Hund die Geruchsmoleküle des ZOS®-Gegenstandes wahrgenommen hat und dann die präzise Lage ausfindig machen will. Das wird in Fachkreisen „Lokalisieren" genannt. Erst wenn sich ein Hund über das Lokalisieren ein genaues Bild zur exakten Position des versteckten ZOS®-Gegenstandes machen konnte, kommt es zur Anzeige. Das Lokalisieren ist noch Teil der Suche, aber auch bereits der Übergang in die Anzeige.
Unser Beispielhund legt sich somit nach erfolgreicher Suche dicht an die Schranktür und bleibt dann mit seiner Nase eng an der sogenannten Geruchsquelle liegen. Genau an der Stelle, an der die meisten Geruchsmoleküle austreten beziehungsweise wahrnehmbar sind, „klebt" nun die Hundenase. Erst jetzt nähert sich der Zweibeiner seinem Vierbeiner an. Er geht dann neben seinem Hund in die Hocke, lobt ihn mit ruhiger Stimme, streichelt in sanft und hin und wieder erfolgt der bestätigende Verstärker-Klick. Nach ungefähr fünf bis zehn Sekunden vorbildlicher Anzeige des ZOS®-Gegenstandes, wird der Hund durch eine direkt an der Geruchsquelle erfolgenden Futterbelohnung bestätigt.
Dieses Beispiel einer Home-ZOS®-Variante ist selbstverständlich bezüglich der Versteckmöglichkeiten in einer Wohnung durch unzählige weitere Varianten in allen denkbaren Wohnräumen austauschbar. Der Kreativität des Zweibeiners sind dabei kaum Grenzen gesetzt. Zumal sich ja letztlich niemand Sorgen um zerkratzte oder zerbissene Möbel machen muss, denn die sogenannte passive Anzeige wurde bereits im Basis-Training erlernt.

01

02

03

04

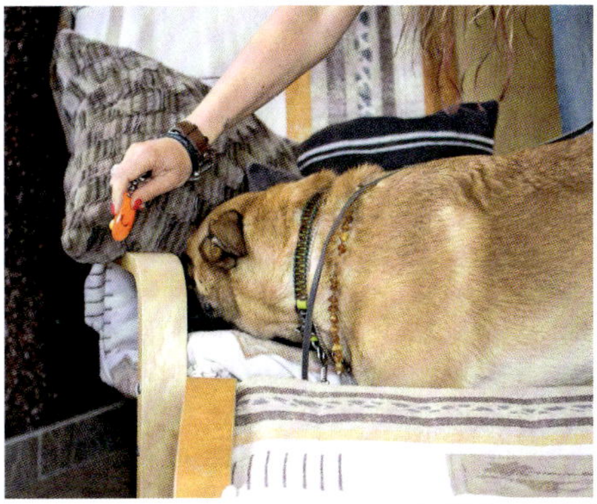

05

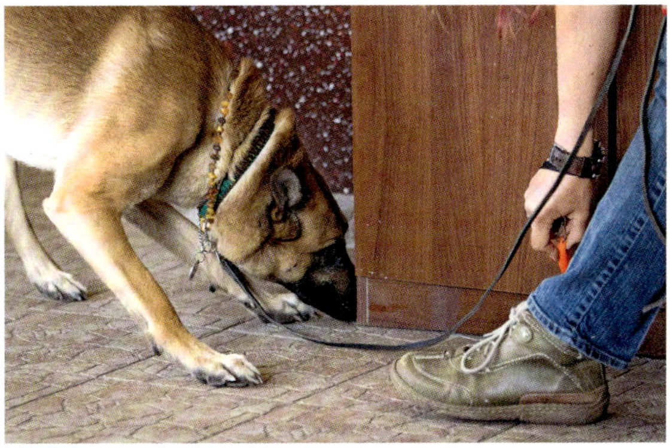

06

07

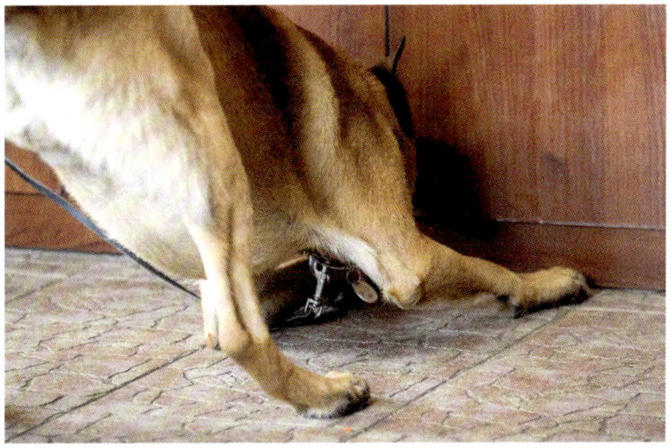

08

09

01 Ein Stück Leder im Wohnzimmerschrank.

02 Das Antäuschen im Suchbereich.

03 Zu Beginn wird der vordere Suchbereich mit einem Sichtzeichen noch einmal intensiv angetäuscht.

04 Von dieser Stelle aus beginnt die Suche nach dem Gegenstand.

05 Ein gelegentliches Führen ist durchaus wünschenswert.

06 Der Vierbeiner wechselt gewollt den vorgegebenen Suchbereich.

07 Obwohl die führende Hand nach oben geht, bleibt der Hund zum genauen Lokalisieren an der Geruchsquelle.

08 Deutliches Signal des Erkennens.

09 Wieder eine tolle Anzeige.

ZOS® IM GARTEN

Ähnliches wie in der Wohnung gilt auch für alle ZOS®-Teams, die in der glücklichen Lage sind, einen Garten ihr Eigen nennen zu können.
Befindet sich in diesem Garten eine ausreichend große Grünfläche, kann der ZOS®-Gegenstand auch offen ausgelegt werden. Dazu muss lediglich der Bewuchs der Wiese hoch genug sein, damit der Vierbeiner den ZOS®-Gegenstand während seiner Suche nicht zu leicht erblicken kann. Nach wie vor sollte darauf geachtet werden, dass die Nase des Hundes bei einer Suche vordergründig eingesetzt wird und nicht die Augen.

BEFESTIGEN DES GEGENSTANDES

Das Anzeigen eines offen liegenden ZOS®-Gegenstandes hat der Vierbeiner bereits in der frühen ZOS®-Konditionierung erlernt. Sollte allerdings dennoch die Feststellung getroffen werden, dass der offen liegende ZOS®-Gegenstand vom Hund während der Anzeige verschoben, geschupst oder gar aufgenommen wird, dann gibt es dazu eine kleine Abhilfe. So kann beispielsweise in den ZOS®-Gegenstand (das kleine Lederstück) ein Loch gestanzt werden, durch das ein Nagel passt. Beim Auslegen des ZOS®-Gegenstandes auf der Wiese wird dann einfach durch das Loch ein Nagel in den Erdboden gedrückt und dadurch eine Befestigung erreicht.
Befinden sich in einem Garten keine Grünflächen, stattdessen aber Gartenmöbel, Rabatten, Steine, Gartengeräte oder bestenfalls auch eine Gartenhütte, ergeben sich selbstverständlich zahlreiche weitere Möglichkeiten, der ZOS®-Leidenschaft nachzugehen. Auch dabei sind erneut dem kreativen Aspekt des Zweibeiners kaum irgendwelche Grenzen gesetzt.

INDIVIDUELLE BELASTUNGSGRENZE

In jedem ZOS®-Team kommt auf den Zweibeiner eine ganz besondere und wichtige Aufgabe zu: Das Erkennen der individuellen Belastungsgrenze seines Vierbeiners bei der Suche nach dem ZOS®-Gegenstand. Fünf Minuten intensive und konzentrierte Suchleistung kann für den einen Hund ein leichtes Unterfangen werden, für den anderen Hund jedoch ist es ein Ding der Unmöglichkeit.

☞ *Fünf Minuten intensive Suchleistung ist für die meisten Hunde sowohl mental (extreme Konzentration) als auch physiologisch (Einsatz der Hundenase) eine häufig unterschätzte Herausforderung.*

01 Freiliegende Gegenstände können schnell verrutschen.

02 Hammer und Nagel schaffen Abhilfe, ...

So kann ein geübter Hund zwar über Stunden die Fährte eines Menschen oder eines Tieres verfolgen, niemals aber einen klitzekleinen ZOS®-Gegenstand. Die Erklärung dazu ist recht einfach. Ein geübter und damit routinierter Fährtenhund sucht die vor ihm liegende Spur keinesfalls Zentimeter für Zentimeter ab. Dann würde er nie sein Ziel erreichen können. Stattdessen wird er immer nach dem Minimalprinzip beziehungsweise nach dem Energiesparprinzip die Fährte verfolgen. Er nimmt die Spur auf, bestimmt die Richtung und geht in diese Richtung. Alle paar Meter überprüft er kurz durch den Einsatz seiner Nase, ob er noch richtig ist. Stimmt alles, geht er weiter und legt wieder für ein paar Meter eine energiesparende Suchpause ein. So ist es möglich, nach dem Motto „So viel wie nötig, so wenig wie möglich“ (Minimalprinzip), einer mehreren Kilometer langen Fährte zu folgen.
Mit diesem Suchsystem wäre unser ZOS®-Hund chancen- und erfolglos. Würde er ebenfalls Energie sparen wollen, ähnlich wie ein Fährtenhund, käme es zu einem ständigen Überlaufen von möglichen Verstecken, zumal die Geruchsmoleküle eines ZOS®-Gegenstandes weitaus weniger „ausstrahlen“ als die Geruchsmoleküle einer durch Mensch oder Tier getretenen Spur im Wald oder auf der Wiese. Einen guten Vergleich dazu liefert unser menschliches Auge. Wenn Sie von jemandem gebeten werden, eine Stunde lang in eine bestimmte Richtung durch einen Wald zu gehen, um eine Wanderhütte zu finden, dann stellt Sie das wohl kaum vor Probleme. Wenn Sie hingegen gebeten werden, auf einer vor Ihnen liegenden, nur 10 Quadratmeter großen und dicht bewachsenen Wiesenfläche das einzelne vierblättrige Kleeblatt zu finden, dann können Sie sich sicher vorstellen, wie anstrengend das für Sie werden kann.
Im Normalfall kommt es dann auch bei uns Menschen nach zirka fünf bis zehn Minuten zu ersten Konzentrationsschwächen. Unser Auge und auch unser Gehirn wird bei einer Detailsuche weitaus mehr gefordert als bei einer oberflächlichen Grobsuche.

03 ... um den Gegenstand zu befestigen.

KÖRPERTEMPERATUR BEI INTENSIVER SUCHLEISTUNG

Sporadische Untersuchungen bei Spürhunden der Polizei haben ergeben, dass Hunde nach hoch konzentriert durchgeführten und damit sehr intensiven Suchleistungen einen Anstieg der Körpertemperatur um ein Grad Celsius aufzeigen können. Dieser Umstand kann auch bei unseren ZOS®-Hunden auftreten.
Deshalb sollte jeder Zweibeiner darauf achten, dass auf jede sehr anstrengende Suchleistung auch wieder eine, zwei oder auch mal drei leichtere Suchlagen mit entsprechenden Erfolgen folgen.

RASSESPEZIFISCHE EINSCHRÄNKUNGEN

Dass ein Beagle oder ein Border-Collie in Sachen Belastungsgrenze weitaus weniger Probleme haben dürfte, fünf Minuten lang intensiv nach einem ZOS®-Gegenstand zu suchen als ein Boxer oder ein Mops, muss selbstverständlich auch klar sein.
So ist es bei bestimmten Hunderassen mit besonders „kurzen“ Nasen durchaus sinnvoll, die Suchlagen etwas einfacher zu gestalten oder auch die ZOS®-Gegenstände im Umfang etwas größer zu halten. Ansonsten wären die gestellten Anforderungen viel zu hoch.

ZOS® IN DER STADT

Hundebesitzer, die in Städten leben, haben häufig außerhalb des Wohnbereiches eingeschränkte Möglichkeiten, Wald- und Wiesenflächen für das ZOS®-Training nutzen zu können.

Doch gerade für Stadthunde ergeben sich dadurch neue und sehr attraktive Möglichkeiten. Wer einmal auf seinem Spaziergang innerhalb der Stadt genauer hinschaut, wird erkennen, dass sich im Bereich des jeweiligen Spazierweges zahlreiche Versteckmöglichkeiten für einen kleinen ZOS®-Gegenstand ergeben können. So finden sich in den meisten Städten im Umfeld von Gehwegen auch immer wieder kleinere oder größere Grünflächen, die frei zugänglich sind. Dass innerhalb der Stadt die allermeisten Hunde angeleint geführt werden, ist letztlich keine Einschränkung, wenn es um die Suche nach dem ZOS®-Gegenstand geht.Stehen keine Grünflächen zur Verfügung, können dennoch immer wieder Versteckmöglichkeiten in äußeren Bereichen von Grundstücksumzäunungen oder -ummauerungen gefunden werden. Oft hilft einfach nur der kreative Blick des Zweibeiners auf die Umgebung.

Selbstverständlich kann auch im innerstädtischen Bereich vollumfänglich auf das dem Hund bekannte Startritual zurückgegriffen werden. Dazu gehört auch die ZOS®-Startdecke, die ja zusammengerollt problemlos zum Spaziergang mitgenommen werden kann.

GEBOTENE RÜCKSICHT

Hundebesitzer sollten sich generell verantwortungs- und rücksichtsvoll gegenüber anderen Hundebesitzern und auch Nicht-Hundebesitzern verhalten. So muss in diesem Zusammenhang klar sein, dass überall dort, wo ein ZOS®-Training andere Menschen beziehungsweise Passanten oder Grundstücksbesitzer belasten (ärgern) könnte, darauf verzichtet werden muss. Und dennoch finden sich erfahrungsgemäß fast überall Möglichkeiten, eine ZOS®-Suchlage zu konstruieren.

01 ZOS® in der Stadt mit vielen Möglichkeiten.

02 Sitzgelegenheiten als Suchbereiche.

03 *Schnelles Lokalisieren.*

04 *Wenig Platz, doch die Anzeige sitzt.*

05 *Auch fortgeschrittene ZOS®-Hunde sollten immer wieder belohnt werden.*

ZOS® IN LADEN-GESCHÄFTEN

Viele Geschäfts- und Ladenbesitzer haben selbst Hunde und genau deshalb auch kein Problem damit, wenn ein Hundebesitzer, der bestenfalls noch persönlich bekannt ist, mal zu einer ZOS®-Trainingseinheit ein Ladenregal benutzt.
Abgesehen von Lebensmittelgeschäften gibt es auch hier kaum Einschränkungen. Wie uns immer wieder berichtet wird, sind selbst Futterhäuser, die in ihren Regalen jede Menge ablenkende Gerüche durch Tierfutter und Kauartikel vorweisen können, immer wieder und auch gerne bereit, ZOS®-Fans in den Regalreihen üben zu lassen. Als besonders ideal gelten selbstverständlich kleine und große Baumärkte mit unzähligen Versteckmöglichkeiten. Wie bereits erwähnt, sollte allerdings jedes ZOS-Training im Alltag mit Rücksicht auf Interessen anderer erfolgen. Das gilt vorallem in öffentlich zugänglichen Bereichen.

01 Viel Ablenkung im Baumarkt.

02 Ganz besonders beim Hundezubehör.

03 Doch trotz dieser Ablenkungen …

04 … kommt es zur sicheren Anzeige.

01 *Hundefutter als Versteckmöglichkeit.*

02 *Die Suche verläuft gründlich und systematisch …*

03 *… sogar hinter den Futtersäcken.*

04 *Trotz der enormen geruchlichen Ablenkung, erfolgt eine tadellose Anzeige.*

ZOS® IN WALD UND WIESE

Spaziergänge im Grünen, und somit außerhalb städtischer Bereiche, stellen nachvollziehbar für die allermeisten Vierbeiner eine besondere Attraktivität dar.

Im Wald und auf der Wiese ergeben sich zudem in Sachen ZOS® jede Menge Möglichkeiten, den Hund zum einen zu beschäftigen und zum anderen das „Wir-Gefühl" in der Mensch-Hund-Beziehung zu festigen.
Während es im Wald relativ einfach möglich ist, gute Versteckmöglichkeiten für den ZOS®-Gegenstand zu finden, sieht das auf einer Wiese schon etwas anders aus. Insbesondere aufgeschichtete Holzstapel im Wald eignen sich bestens für ZOS®-Verstecke. Auch unter Laub- und Wurzelwerk lassen sich ZOS®-Gegenstände gut verstecken.
Auf einer Wiese liegt der ZOS®-Gegenstand meist offen, echte und abwechslungsreiche Versteckmöglichkeiten gibt es nur selten. Erschwerend kommt auf der Wiese hinzu, dass viele ZOS®-Hunde dazu neigen, den ZOS®-Gegenstand umherzustupsen oder sogar aufzunehmen.

KEINE FÄHRTEN IM ZOS®-TRAINING

Viele zweibeinigen ZOS®-Neulinge sind immer wieder überrascht, wie schnell und wie einfach ihre Vierbeiner den versteckten ZOS®-Gegenstand im Wald oder auf der Wiese finden können.
Doch diese Überraschung ist im Grunde genommen gar keine. Viel einfacher, als den ZOS®-Gegenstand selbst zu finden, ist für alle Hunde, dem Verlauf der Fährte des Zweibeiners zu folgen und so den gesuchten ZOS®-Gegenstand irgendwann vor der Nase zu haben. Wenn wir Menschen uns auf unbefestigten Untergründen bewegen, zertreten wir mit unseren Füßen unzählige, auf und im Erdboden befindliche Mikroorganismen und auch etwas größere Kleinstlebewesen. Diese gehen daraufhin sehr schnell in die Zersetzung über und hinterlassen dabei Gerüche, die für unsere Hunde spielend einfach wahrgenommen werden können. Und genau an der Stelle, an der diese Gerüche immer weiter abnehmen, muss sich dann irgendwo der ZOS®-Gegenstand befinden.

VERSTECK-STRATEGIE

Aufgrund dieser Erkenntnis müssen wir nun unsere Strategie beim Verstecken des ZOS®-Gegenstandes in unbefestigtem Gelände verändern. Genau deshalb wird am Ende der Fährte der ZOS®-Gegenstand nicht sofort

01 Bewusst falsche Fährten legen …

02 *... durch eine gute „Antäusch-Taktik".*

03 *Die Fährte darf nicht den Erfolg bringen, ...*

04 *... sondern nur das gezielte Suchen!*

05 *Gesucht und gefunden!*

versteckt, sondern eine oder mehrere „Fallen" gestellt. Das bedeutet, der Mensch bewegt sich scheinbar ziellos hin und her, geht dabei mal nach links, dann wieder nach rechts, nach vorne und nach hinten. Dadurch entsteht eine recht große Fläche, auf der sich der suchende Hund später sehr konzentriert orientieren muss.

Auf dieser Fläche werden „Scheinverstecke" angelegt, indem man beispielsweise den Erdboden oder auch herumliegende Steine oder auf dem Boden liegende Äste bewusst mit der Hand anfasst. Und unter einem dieser „Scheinverstecke" befindet sich dann irgendwo der zu suchende ZOS®-Gegenstand. Um ihn zu finden, muss der Vierbeiner konzentriert und damit aufmerksam alle gegebenen Versteckmöglichkeiten prüfen, um letztlich zum erhofften Erfolg zu kommen. Das alleinige Verfolgen einer menschlichen Fährte bringt nun keinen Erfolg mehr.

☞ *Sehr viele ZOS®-Anfänger berücksichtigen die „Fährtenproblematik" viel zu wenig und wundern sich dann über ständige schnelle Erfolge ihrer Hunde.*

01

02

03

04

05

06

01 Im Wald besonders wichtig: Antäuschen und Eingrenzen des Suchbereiches.

02 Während des Startrituals wird dem Hund das Sichtzeichen gegeben.

03 Die Suche beginnt. Kleine Gegenstände können übrigens unsichtbar in Baumrinden versteckt werden.

04 Jeder einzelne Baum stellt für den Hund eine Herausforderung dar und erfordert eine ruhige, konzentrierte Suchleistung.

05 Die Körperhaltung und die Körperspannung deuten auf ein klares Erkennen und Lokalisieren des ZOS®-Gegenstandes hin.

06 Zum Abschluss eine konzentrierte und punktgenaue Anzeige.

WEITERE ZOS®-MÖGLICHKEITEN

Wenn es um Flexibilität und Variantenvielfalt im ZOS®-Training geht, sind der Kreativität des Menschen kaum Grenzen gesetzt. Immer mehr ZOS®-Teams warten mit immer mehr neuen Ideen auf.

GRUPPEN-ZOS®

Besonders interessant ist das anspruchsvolle Gruppen-ZOS®. Zwei, drei oder noch mehr Vierbeiner suchen gemeinsam und damit zeitgleich ihre zuvor versteckten ZOS®-Gegenstände.
Voraussetzung dafür ist allerdings eine hohe Sozialverträglichkeit der Hunde untereinander. Auch dürfen keine Vierbeiner dabei sein, die zur Ressourcenverteidigung neigen. Sind diese Voraussetzungen erfüllt, ist nicht nur der Spaßfaktor für Mensch und Hund recht hoch, auch das gegenseitige „gesunde" Konkurrieren kann sich ganz erheblich auf die Motivation im ZOS®-Training auswirken. Die Erfahrungen hierzu lehren uns, dass unerwartet viele Hunde Gruppen-ZOS® einfach toll finden.

NACHT-ZOS®

Beim sogenannten Nacht-ZOS® sind die Ansprüche an die Zweibeiner ganz besonders hervorzuheben. Bestückt mit einer Stirnlampe begleiten die Zweibeiner ihre Vierbeiner bei deren Suche. Das ist komplizierter, als es sich viele vorstellen können. Schon beim Verstecken des ZOS®-Gegenstandes ergeben sich Momente, in denen der Zweibeiner den zurückbleibenden Vierbeiner überhaupt nicht mehr sehen kann.

Weiterhin kann sich der meist schwankende Lichtkegel einer am Kopf getragenen Stirnlampe anfangs auch auf den suchenden oder in der Anzeige befindlichen Hund irritierend auswirken. „Das sollte man mal gemacht haben", berichten viele Zweibeiner, wenn sie wieder mal eine Nachtübung in Sachen ZOS® hinter sich gebracht haben. In jedem Fall ein besonderes Erlebnis für Zwei- und Vierbeiner.

KREATIVES ZOS®-TRAINING

Doch kreatives ZOS®-Training bedeutet noch viel mehr. So wird beispielsweise ausrangiertes Schuhwerk nicht mehr weggeworfen, sondern zum ZOS®-Versteck umgewandelt. Fünf Paar alte Schuhe ergeben zehn brauchbare ZOS®-Verstecke. In den vorderen Bereich der Schuhe werden ein paar Löcher gebohrt und schon lässt sich im Schuh selbst der ZOS®-Gegenstand nicht sichtbar verstecken. Die in den Schuh gebohrten Löcher erleichtern dem Vierbeiner die Suche nach seinem ZOS®-Gegenstand. Auch fünf Paar Socken ergeben zehn ZOS®-Verstecke. Die Socken werden ganz einfach an einem zwei Meter langen, dünnen Seil aufgeschnürt, die Abstände zwischen den Socken ausgeglichen und an einem Zaun oder zwischen zwei Pfosten auf Höhe der Hundenase aufgespannt. Die Socken hängen dabei nach unten und reichen bis fast auf den Erdboden.

01

02

03

01 Vier Hunde und vier ZOS®-Gegenstände. Die Gruppensuche ist besonders atraktiv, stellt aber auch hohe Trainingsanforderungen an Zwei- und Vierbeiner. Denn schließlich entstehen jetzt konkurrierende Aspekte, die etwas mehr Stress bedeuten, als bei einer Einzelsuche.

02 Alle vier Hunde suchen zeitgleich im selben Suchbereich ihren jeweils eigenen ZOS®-Gegenstand. Dabei gilt das Motto: Konkurrenz „belebt das Geschäft“ und erhöht das Leistungsvermögen.

03 Da die Hunde ihre ZOS®-Gegenstände zu unterschiedlichen Zeiten finden, wird es für die Vierbeiner schwierig, die noch auf der Suche sind, während andere bereits die Futterbelohnung erhalten. Unter derartigen Ablenkungen können selbstverständlich nur weit fortgeschrittene ZOS®-Hunde trainieren.

In alle zehn Socken werden kleine Steine oder ähnlich schwere Gegenstände gefüllt, damit sie etwas Gewicht erhalten. In einem dieser Socken befindet sich dann im ZOS®-Training der zu suchende ZOS®-Gegenstand.
Auch in einem Pkw ergeben sich Versteckmöglichkeiten für einen ZOS®-Gegenstand. Zwar wissen wir, dass das Auto der Deutschen „liebstes Kind" ist und sich bei dieser Idee das eine oder andere Nackenhaar sträuben dürfte. Und dennoch wollen wir diese ZOS®-Variante nicht vorenthalten, denn gerade für Hundebesitzer ist das Auto eben auch ein „Nutzfahrzeug".
Unsere Beispiele konnten Ihnen hoffentlich zeigen, welche Möglichkeiten sich in der ZOS®-Beschäftigung im Alltag für Zwei- und Vierbeiner ergeben können. Sie dürfen sich in

Im kreativen ZOS®-Training können ausrangierte Schuhe als Versteck dienen.

diesem Zusammenhang sicher sein, dass wir aus Platzgründen in diesem Buch nur einen geringen Teil der tatsächlich gegebenen Möglichkeiten berücksichtigen konnten. Somit würden wir unsere Vorschläge in erster Linie als Hilfe zur Selbsthilfe ansehen.
Wer besonders kreativ sein kann, wird noch auf viele weitere Möglichkeiten und Ideen zu einem attraktiven ZOS®-Trainings stoßen.

Der anspruchsvolle Einsatz der Hundenase im ZOS®-Training ist unbestritten das artgerechteste Auslastungs- und Beschäftigungsmodell für unsere vierbeinigen Sozialpartner. Dass damit auch noch eine Optimierung der partnerschaftlichen Mensch-Hund-Beziehung verbunden ist, kann Sie, Ihren hochmotivierten Vierbeiner und auch uns mit besonderer Freude erfüllen.

Auch die Sockensuche gehört in den kreativen ZOS®-Bereich.

Die Suche im Auto stellt an das ZOS®-Team hohe Anforderungen.

ZOS® MIT VERHALTENS-AUFFÄLLIGEN HUNDEN

Sogenannte schwierige Hunde, die sich im Alltag aufgrund von Verhaltensauffälligkeiten als problematisch erweisen, können durch ein attraktives ZOS®-Training im wahrsten Sinne des Wortes „ein neues Leben beginnen".

Als schwierig gilt ein Hund immer dann, wenn er unsere gesellschaftlichen Normvorstellungen nicht oder nur unzureichend erfüllt. Besonders kritisch werden dabei bekanntermaßen aggressive Hunde angesehen, die im Einzelfall für Artgenossen und auch für Menschen ein Gefahrenpotenzial darstellen können. Es gelten aber gemeinhin auch Hunde als schwierig, wenn die erzieherische Kontrolle durch den Zweibeiner ungenügend ist. Hunde, die „ungebremst" machen, was sie wollen, leiden häufig unter erzieherischen Defiziten. Sie springen beispielsweise freudig Spaziergänger an oder haben Spaß daran, Jogger und Radfahrer zu verfolgen.

In den mittlerweile vielen Jahren des ZOS®-Trainings können wir insbesondere bei schwierigen Hunden auf besondere Erfolge zurückblicken. So hat sich ZOS® in der Verhaltenstherapie bei sogenannten Problemhunden als herausragende Beschäftigungstherapie etabliert. Der Grund für verhaltenstherapeutische Erfolge durch ZOS®-Training hat gleich mehrere Gesichter. Da ist zum einen der hohe Spaßfaktor, der im Grunde genommen bei gutem Training nie Langeweile aufkommen lässt. Es gibt unzählige und verschiedenartige Einsatzmöglichkeiten mit ständig variierenden Ansprüchen. Da geht es Hunden ähnlich wie uns Autofahrern: Fährt

Gehorsamsleistungen vor ZOS®-Beginn, können bei Ablenkungen hilfreich sein.

man ständig auf der Autobahn, können Langeweile und damit verbunden auch Lustlosigkeit entstehen, weil sich im Grunde genommen nichts verändert. Wechselt man dann auf Landstraßen oder gar auf holprige Feldwege, erhöhen sich die Ansprüche an unser fahrerisches Können und damit auch die Konzentration. Erreicht man nach einer schwierigen Fahrpiste wieder die Autobahn, kommt Freude in zweifacher Hinsicht auf. Die schwierige Etappe ist erfolgreich geschafft, die nachfolgende einfachere Etappe führt zu einer wohltuenden Entspannung.

Wenn es einem Zweibeiner gelingt, die Attraktivität des ZOS®-Trainings hoch zu halten, wird der Vierbeiner seinen Fokus immer mehr auf ZOS® lenken und damit auch das im Vorfeld beklagte Interesse an Joggern und Radfahrern zunehmend reduzieren. Es scheint ihm alles nicht mehr ganz so wichtig, weil ZOS® eine zunehmend hohe Priorität erhält.

Ein weiteres „Gesicht" ist die bereits angesprochene Optimierung der Mensch-Hund-Beziehung durch die unerlässliche ZOS®-Team-Arbeit. Es geht nur gemeinsam und gemeinsam erreichen „WIR" Erfolge.

Auch erzieherische Elemente kommen im ZOS®-Training nicht zu kurz. Grundlegende Gehorsamsleistungen sind ja eine Voraussetzung für den Trainingserfolg. Sei es das Warten auf der ZOS®-Decke, das korrigierende Eingreifen gegenüber möglichen Futterverleitungen oder das Einweisen in und Beibehalten von festgelegten Suchabschnitten. Einen ebenfalls erzieherischen Aspekt enthalten sogenannte Suchabbrüche. Fängt beispielsweise der suchende Vierbeiner an, sich für Dinge zu interessieren, die nicht mit dem ZOS®-Gegenstand in Verbindung zu bringen sind, erfolgen kommentar- und wortlos Abbrüche durch den Zweibeiner. Der Hund wird dabei einfach am Halsband oder am Geschirr gegriffen und mit einem „So nicht!" (Beispielhörzeichen) emotionslos aus dem Suchbereich geführt und außerhalb in eine wartende Position gebracht. Nach einigen Minuten Pause erhält er eine neue Chance, seinen Gegenstand zu suchen und zu finden. Die Arbeitsunterbrechung ist somit quasi als „Strafe" für den Hund anzusehen. Selbstverständlich darf er in der „Warteschleife" nicht anderweitig beschäftigt werden. Menschen mit schwierigen Vierbeinern führen auch unmittelbar vor dem ZOS®-Training Unterordnungsleistungen (Beispiel: Leinenführigkeit) durch. Erst wenn die vom Zweibeiner verlangte Gehorsamsleistung vom Hund erfüllt wird, beginnt die ZOS®-Beschäftigung.

Nun ist auch der Fokus, trotz fremder Hunde, auf die ZOS®-Arbeit gerichtet.

SERVICE

— *Wissenswertes für Hundehalter*

NÜTZLICHE ADRESSEN

Zielobjektsuche
www.zos-zielobjektsuche.de.

Hier finden Sie alle wichtigen Informationen über die Zielobjektsuche, sowie Veranstaltungen, Meisterschaften und einen Shop mit ZOS®-Produkten.

Hundezentrum Baumann GmbH
Hundeschule, Trainer-Fortbildungen, Hundepension und -tagesstätte
Zur Schleuse 30
49744 Geeste
dogworld@t-online.de
www.dogworld.de

Dogworld-Stiftung
Lebenshilfe für verwaiste Hunde
info@tierheim-stiftung.de
www.tierheim-stiftung.de
Gemeinnützige Tierschutzorganisation, die von Thomas und Ina Baumann gegründet wurde.

ZUM WEITERLESEN

Baumann, Thomas und Ina: **ZOS-Zielobjektsuche ... das Anklicken**. Baumann-Mühle-Verlag 2012

Baumann, Thomas und Ina: **ZOS-Zielobjektsuche ... im Trümmerfeld.** Baumann-Mühle-Verlag 2014

Baumann, Thomas und Ina: **ZOS. Doppel-DVD.** 180 Min. Baumann-Mühle-Verlag 2010

Baumann, Thomas und Ina: **Ich lauf schon mal vor ...** Hundeerziehung und vieles mehr. Baumann-Mühle-Verlag 2015

Baumann, Thomas und Ina: **Früh übt sich, ...** Praxisratgeber zum Umgang mit Welpen und Junghunden. Baumann-Mühle-Verlag 2018

Baumann, Thomas und Ina: **Entschleunigung von Mensch und Hund**. Gemeinsam zu mehr innerer Ruhe und Gelassenheit. KOSMOS-Verlag, 2021

REGISTER

Wer findet den „gemopsten" ZOS®-Gegenstand?

BILDNACHWEIS

242 Farbfotos wurden von Alina Klüglich-Hinrichs für dieses Buch aufgenommen. Weitere Farbfotos von Atelier Krohmer (1; S. 15) und Shutterstock © Normad_Soul (Wurst; S. 30, 31, 38). Grafiken von Atelier Krohmer (6; S. 17, 18, 73).

IMPRESSUM

Umschlaggestaltung von WALTER Typografie & Grafik GmbH, Würzburg, unter Verwendung von zwei Farbfotos von Alina Klüglich-Hinrichs.
Mit 244 Farbfotos und 6 Grafiken.

Alle Angaben in diesem Buch erfolgen nach bestem Wissen und Gewissen. Sorgfalt bei der Umsetzung ist indes dennoch geboten. Der Verlag und die Autoren übernehmen keinerlei Haftung für Personen-, Sach- oder Vermögensschäden, die aus der Anwendung der vorgestellten Materialien, Methoden oder Informationen entstehen könnten.

Unser gesamtes Programm finden Sie unter **kosmos.de.**
Über Neuigkeiten informieren Sie regelmäßig unsere Newsletter, einfach anmelden unter **kosmos.de/newsletter**

Gedruckt auf chlorfrei gebleichtem Papier

Pfizerstraße 5–7, 70184 Stuttgart
kosmos.de/servicecenter

ISBN 978-3-440-15103-7
Redaktion: Hilke Heinemann
Gestaltungskonzept: Peter Schmidt Group GmbH, Hamburg
Gestaltung und Satz: Atelier Krohmer, Dettingen/Erms
Produktion: Eva Schmidt
Druck und Bindung: Westermann Druck, Zwickau
Printed in Germany / Imprimé en Allemagne

FSC
www.fsc.org
MIX
Papier | Fördert gute Waldnutzung
FSC® C110508